U0185932

Taobao

淘宝交付之道

阿里巴巴集团大淘宝技术部 ◎著

机械工业出版社
China Machine Press

图书在版编目（CIP）数据

淘宝交付之道 / 阿里巴巴集团大淘宝技术部著 . —北京：机械工业出版社，2022.12
ISBN 978-7-111-72004-1

I. ①淘…　II. ①阿…　III. ①软件开发　IV. ①TP311.52

中国版本图书馆 CIP 数据核字（2022）第 211818 号

淘宝交付之道

出版发行：机械工业出版社（北京市西城区百万庄大街 22 号　邮政编码：100037）

责任编辑：罗词亮　　　　　　　　　　　　责任校对：张爱妮　　王明欣

印　　刷：保定市中画美凯印刷有限公司　　版　　次：2023 年 1 月第 1 版第 1 次印刷

开　　本：186mm×240mm　1/16　　　　　印　　张：17.5

书　　号：ISBN 978-7-111-72004-1　　　　定　　价：99.00 元

客服电话：（010）88361066　68326294

翻开《淘宝交付之道》，精彩的内容让我欲罢不能。"万能的淘宝"这个超级 App 是如何架构的？如此复杂的商业平台是如何高速迭代的？双 11 全球购物节这个超级工程是如何操盘的？对于这些充满挑战又令人好奇的问题，本书都进行了很接地气的分享。大淘宝技术部将自己在互联网最前沿摸爬滚打的一线经验，汇集成了一本极具时代意义的软件交付百科全书。

合上《淘宝交付之道》，一种一以贯之的力量让我久久回味。在这个技术高速变革的时代，任何先进技术一旦故步自封，转瞬就会成为落后生产力，唯有秉持开放的胸怀与持续追求极致的精神，才能永远站在浪潮之巅。大淘宝技术部在这本书中传递的这种力量，比任何一种技术都更值得每一位读者拥有。

程立（鲁肃）

阿里巴巴合伙人

前 言 *Preface*

在激烈竞争、快速发展的互联网时代，产品创新和交付面临着越来越多的挑战。淘宝天猫作为电商行业直接触达消费者日常生活的一款重要产品，它的每一次发展、每一次新功能的升级，都将直接影响数亿消费者的体验。阿里巴巴集团大淘宝技术部这支强大的研发团队是淘宝、天猫的技术支柱，面对不同时期的挑战，已沉淀出一套基于价值、持续高效交付的方法论和实践经验，这也是本书将要为大家介绍的内容。

我们的团队

大淘宝技术部作为支撑整个淘宝天猫业务的核心团队，为了实现持续、快速、高质交付，在团队架构设计上，除了建立纵向的多个垂直的业务团队之外，还建立了横向拉通的技术质量部，以保障和控制所有产品的质量与风险。另外还设立了项目管理部（Project Management Office，PMO），通过高效的协同机制、研发模式、流程体系，拉通多角色，保证组织目标顺利达成。大淘宝技术部这样的组织设计，一方面可以更好地支持各种业务，另一方面技术团队彼此之间也能进行更紧密的协作，共同建设平台、中台，让技术架构继续演进，从而提升交付效率。

此外，大淘宝技术部不用重复造轮子，有专门的中台团队支持对应的集团战略、核心交易链路、基础服务等。当然，中台战略是优点也是挑战：一方面，业务单元（Business Unit，BU）只需要基于中台与阿里云团队的服务来开发调用，便能专注于业务需求，快速响应变化；但另一方面，各种大型项目都需要与多个 BU 一起密切合作，才能串起全链路交付，这一点又非常考验沟通协同能力。

我们面临的挑战

快速的变化

淘宝天猫是电商行业的领头羊，但行业内的竞争愈演愈烈，消费者的需求也变化很快。

另外，大项目也多。从早期一年一度的双 11 大促，逐渐演化出 38、618、双 11、双 12、年货节、春晚等多个大项目。每一次活动都是一个复杂多变的业务项目，变化随时都会发生。

IT 技术更新升级也很快。无线设备不断升级换代，机器性能一直在提升，网络也在升级，AR、VR、机器学习等新技术层出不穷。

体验要求高

在阿里巴巴，"客户第一"不仅是员工的首要价值观，还是对产品的最重要的要求。随着业务场景越来越丰富以及用户越来越多，用户体验也面临着越来越严峻的挑战。一个需求可能需要考虑大量的机型适配，任何小的 Bug 放到手机淘宝上都会被放大并影响数十万人，所以维护良好的用户体验是当前我们所面临的最大挑战。

复杂的协作模式

淘宝天猫虽然只是一个产品，但是整个交付过程涉及阿里巴巴几十个 BU 的协作。不同团队承担着不同的使命，每一个 BU 的每一次改动都有可能影响到淘宝前台产品。有时候看上去很细微的一个变化，最终可能会变成一个很复杂的项目，需要集团经济体、多个 BU 联动，整体项目的协同成本相当高。

我们的交付

在不断追求高效交付的道路上，面对快速变化的市场和产品、高标准的用户体验、大规模团队协作等众多挑战，淘宝天猫进行了组织架构变革，并不断升级技术体系、质量保障体系，推动淘宝交付体系不断演进。

本书将贯穿价值交付的全生命周期来讲解淘宝高效交付的体系化建设，从目标确定到需求拆分，从高效开发的技术架构、研发流程到工具平台建设，再到完善的

VI

全链路质量保障和用户体验保障实践，最后用横向的项目管理串起全链路交付的整个环节，实现价值高效流动。

本书共 8 章，主要内容如下。

❏ **第 1 章　目标与需求管理**

对于组织来说，任何产品的交付目标都是为客户创造价值。要做到高效交付，绝不能只关注产品功能开发，更重要的是想清楚为什么要做这件事，也就是"做正确的事"，即重点关注目标和方向。本章将阐述淘宝的战略目标管理，以及不同类型的需求管理流程。

❏ **第 2 章　高效开发**

手机淘宝经过十多年从容器到框架，再到上层业务协议的发展，通过容器化、拆分 Bundle 将客户端化整为零，让容器变得更轻量；通过 Weex（大淘宝移动端跨平台研发方案）、小程序的方式，让研发团队只需要编写 DSL 就可以完成移动跨端的开发；通过服务端与客户端约定协议，让研发效率得到显著提升。本章将阐述手机淘宝的高效开发之道。

❏ **第 3 章　高效质量保障**

交付高质量的产品是我们的重要使命，所以我们需要建立快速、有效的质量保障，这样才能支撑起业务的高速发展。随着业务变迁和系统复杂度的增加，质量保障的难度也在不断增加，而效率却在不断降低。本章将介绍大淘宝技术部在业务和系统飞速演进的过程中，如何从手工测试到自动化平台工具，不断寻求更高效、更全面的保障方案。

❏ **第 4 章　用户体验保障**

除了业务功能的实现，如何让用户在不同性能的手机上都能有顺畅的体验，是每位技术人员都要思考的问题。本章将阐述在面对庞大的用户群体时，在"千人千面"的推荐、直播、视频等新的电商内容化业务形态下，如何度量用户体验以及快速感知并解决用户需求，从而持续不断地提升淘宝的质量水准。

❏ **第 5 章　集成发布**

在淘宝，集成发布一直是整个交付流程中非常关键的一环，本章将重点介绍淘宝客户端集成发布的演进历史、优化策略和操作实践。

❑ **第 6 章　线上保障**

随着阿里经济体的快速扩展，线上保障的挑战难度越来越大，我们的关注点从过去的电商交易稳定运行提高到数字生活生态的全面保障，让用户与客户都能有稳定且顺畅的体验。本章将结合大淘宝技术部多年的探索和尝试，重点介绍监控、快速恢复和攻防演练等的有效手段。

❑ **第 7 章　淘宝交付项目管理案例**

在阿里巴巴集团内，项目制的文化氛围很浓厚，经常需要跨 BU 协同管理，凡事以结果为导向。大淘宝技术 PMO 针对战役、重点项目会投入专职人员做保障和建机制，针对日常项目会通过体系设计与赋能的方式来推进项目的高效交付。本章将分享淘宝天猫的项目管理体系及重点案例实践。

❑ **第 8 章　展望未来**

针对不断出现的新技术与新挑战，我们将不断提升与挑战自我。随着淘宝天猫的业务越来越复杂，测试的复杂度也呈指数上升，我们该如何利用智能化的手段来解放测试人员、提升质量？上云是技术运维的趋势，阿里巴巴集团的核心业务完整上云后，开发、测试、运维都有了完全不一样的模式与机制，我们该如何与阿里云更好地协同？而研发交付流程又该如何提效呢？本章会分享我们对这些问题的思考。

致谢

本书核心作者青灵、赫石、竹音、王横、劲天、鸾伽、韩锷、白衣、鹿迦、所为、东坡、公亮、竞雄等，在此感谢所有为此书辛苦付出的阿里小二，尤其是九畹、雪薇、行周、佳芸，他们在本书写作过程中提供了很大的帮助。

现在就让我们走进万能的淘宝吧！

赵磊（赫石）

目 录 *Contents*

第 1 章

目标与需求管理

在阿里巴巴集团内，项目制的文化氛围很浓厚，经常需要跨 BU 协同管理，但专职的项目经理团队（PMO）采取的是精兵政策，针对战役（阿里巴巴集团内部对最高级别项目集的俗称）、重点项目才会投入专职的项目经理来做保障。那么，集团内部又是如何确保所有的项目都能顺利交付的呢？

对于一个组织来说，任何产品的交付目标都是为客户创造价值。所以我们在谈到高效交付的时候，绝不能只关注如何快速开发产品，更重要的是从最开始就要想清楚为什么要做这件事情，也就是"做正确的事"，下一步才是"正确地做事"。做正确的事，强调的是目标和方向；正确地做事，强调的则是方法和工具。

当今社会已经进入一个充满不确定性的新时代，随着互联网行业的迅猛发展，我们面临的时代特点就是变更更频繁了。在面对这样一个充满变化和不确定性的环境时，我们要想立于不败之地，就需要对变化有更快的反应，并减少变化带来的影响。

淘宝天猫每财年初都会进行战略方向的规划和确认，同时会明确未来 1～3 年的战略目标，分解出当下重点要做的事情，并形成战役。我们的目标管理方式可以参见图 1-1。

图 1-1　目标管理金字塔

下面对目标管理金字塔最上面的三层进行简要说明。

❑ 使命：表达的是组织的核心意图。有效的使命简单明了，能够激发改变的欲望，易于理解和沟通。

❑ 愿景：用文字描述蓝图，更具体地定义未来将何去何从。有效的愿景是可量化的，受时间段约束、简洁明了的，且与使命保持一致、可验证、具有可行性、能够鼓舞人心。

❑ 战略：淘宝天猫会阶段性地自上而下确定战略目标，战略目标的确定会从组织长期的使命和愿景两方面来进行思考。战略的核心作用是确定重点和明确优先处理的事项，在面对无穷无尽的机会时，知道如何取舍，从而保持聚焦。

淘宝天猫特别强调自上而下、自下而上的目标理解一致性和目标对齐，在具体的目标管理过程中，会针对不同的类型，从不同的维度，采取不同的策略，以确保目标合理有效。下面我们将从不同的角度来阐述如何制定各种不同类型的目标。

1.1　战略目标管理

文 / 王晓丹（竹音）

战略是组织为实现目标而确定的组织行动方向和资源配置的核心纲要。战略要为组织指明方向、明确重点，并为资源分配确定优先顺序；当面对无穷无尽的机会时，战略可以帮助我们进行取舍，从而保持聚焦。制定战略的根本目的就是使组织尽可能地比竞争对手更持久。

在确定组织的战略方向时，必须充分考虑到组织、客户和竞争对手这三方主要参与者，以及三方彼此之间的影响力。忽略竞争反应的战略、未充分考虑客户反应的战略，以及未充分考虑组织执行能力的战略都是不完美的。

一个好的战略可以回答以下 4 个基本问题。

❑ 是什么在驱动我们前进？

❑ 我们可以提供什么样的产品和服务？

❑ 谁是我们的客户？

❑ 我们的价值主张是什么？

一个良好的战略是要开拓新市场、开发新产品和进入新领域，这样才能明确立场。战略的目的应该是争夺未来的产业，而不是争夺现有产业的市场份额。对于组织来讲，关键问题是在稳固当前市场竞争力的同时，如何才能更好地开创未来的新产业。

1. 战略管理框架

淘宝天猫战略管理框架的模式，如图 1-2 所示。

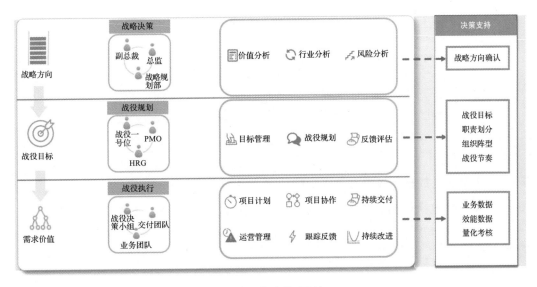

图 1-2　战略管理框架

2. 战略方向的制定

战略输入：大淘宝技术部战略确定流程的第一步是从整个集团多渠道接收战略输入。

专题研讨：有了上层的输入之后，大淘宝技术部会结合市场环境、业务策略和竞争对手的多维度信息来进行专题研讨，从而明确几大战略主题。然后针对各大战略主题进行价值分析、行业分析和风险分析。

再次对焦：将针对各战略主题的具体分析带回到管理层进行再次论证，从而明确组织下一阶段的战略方向。

组织保障：组织会结合战略方向，对组织阵型进行调整。组织阵型将尽量垂直化，如果涉及需要横向打通来落地的情况，可以通过虚拟组织/项目集来保证，同时需要明确虚拟组织/项目集的唯一负责人。

3. 战略分解与战役目标的确认

对焦战略方向之后，需要进一步将各战略拆解成多个战役（大型的项目集），每个战役按照分工再层层拆解成项目集，然后进一步拆解成各个项目，如图 1-3 所示。

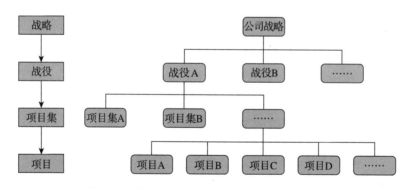

图 1-3　战略、战役、项目集、项目层级关系

（1）明确各战役与战略方向对应的承接关系

在战役落地执行的过程中，需要及时关注已经完成的战役工作对战略目标的支撑和贡献，以便及时调整战役目标及项目组成。

（2）战役目标需分阶段并量化

战役目标可以分为业务目标和技术目标两大类，目标要求可量化、符合 SMART

原则，或者可以从交付物上来进行确定，例如，从对应的产品、服务或者平台等方面来考虑。目标不能随便定，它不是口号，不能很抽象或者无法衡量达成的效果。

通常来说，战役会横跨一个财年，所以需要将财年的整体目标拆解到季度或者月，并且保证在执行过程中可以及时调优。

（3）明确战役间的依赖关系

战役在全生命周期中的依赖关系梳理，将贯穿于战役执行的整个过程，在战役启动之前，就要梳理此战役与关联战役的关系，对于彼此依赖的战役，需要确定在什么时间点，提供什么样的输出，同时保证存在依赖关系的战役已经提前进行了沟通确认。

（4）资源保证

对于战役计划投入的人、财、物、时间等资源需要进行估算，包括内部、外部的协作方和其他资源的支持，以便更好地解决战役执行前的关键障碍。

4. 战略执行管理

具体的战略、战役执行，需要通过具体的项目集管理和单项目管理来落地，同时还需要将战役目标进一步拆解到项目目标、产品需求，结合过程中的阶段性评审（review）和定期的激励，来形成执行管理的有效闭环，具体的内容可以参看 7.1 节的实例介绍。

1.2　项目目标管理

文 / 汤竞雄（竞雄）

1.2.1　目标管理定义

符合什么标准的项目才能称得上是一个成功的项目？按时发布？效能很高？质量很好？管理方法论很先进？

这些其实都不是标准，只有实现最终的业务目标，项目才算成功。

那么目标又是什么呢？如何设定项目的业务目标？经典管理理论对目标管理

（Management by Objective，MBO）的定义为：目标管理是以目标为导向，以人为中心，以成果为标准，而使组织和个人取得最佳业绩的现代管理方法。从这个定义中我们可以看出，目标管理的关键因素包括目标、人或者团队、标准。

根据 PDCA 方法论（如图 1-4 所示），本节将会把目标管理拆解成目标设定、目标拆解、目标执行和监控、目标审核、目标变更几个方面来进行讲解。

图 1-4　目标管理 PDCA 应用

1.2.2　项目目标设定

1. 谁来设定目标

设定目标之前，首先要确定好设定目标的核心团队，一般来说要包含业务、产品和技术三方的负责人。如果此项目归属于某战役，就要基于该战役的目标进行拆解；如果是独立的项目集/项目，就由项目发起人（Sponsor）来明确做这个项目的原因、项目的意义与价值，然后再来制定一个愿景目标与主目标。接下来由三方负责人共同制定出为实现这个愿景目标而往下拆解的几个核心目标和方向。这个核心团队不仅要负责目标的设定，而且还要负责目标的上传下达、目标复盘和目标变更的决策。

如果是由多个项目或者多个业务方组成的比较复杂的项目集，那么在设定总目标和子项目目标之后，还要设定子项目目标的占比，并确认好权责和分工。

2. 目标设定的方法

（1）技术项目

技术项目一般是指由技术团队发起、纯技术类的项目，例如系统迁移、架构改造、性能优化等。技术项目应该如何制定目标呢？技术首先需要做到业务先赢，帮助业务完成核心目标，这是底线；然后就是人才和梯队的成长。团队领导（Leader）在关注业务目标完成的同时，还需要关注团队人才的成长情况，以及梯队结构的建设。阿里巴巴有这样一句话："事情可以不成功，但是人要成长起来。"不过我们做事的时候，应该秉持事情要做成、人更要成长的思维方式。技术项目通常会重点关注当前需要解决的核心问题，不过这是一个相对比较保守的目标设定方式，在解决问题的同时，还需要结合对应业务的发展趋势来确定技术发展的方向。可以通过解决核心问题的方式来设定短期的技术目标，但是长期的技术发展愿景必须要包含业务的视角，然后再将愿景和核心问题作为顶层设计，来进行目标设计的分解。

所以，一个优秀的技术项目目标一定要包含业务、技术和团队三方的视角。

- ❑ **技术业务相辅相成**：技术项目的目标也需要与业务相辅相成，要懂得面向机会设计技术目标，而不仅仅是面向问题设计技术目标。
- ❑ **面向长远未来**：设定目标的时候，一定要跳出现有的框架来看，收集足够多的信息量，与业务进行充分的沟通，了解自己的机会在哪里，下一个风口在哪里，自己可以处于什么位置，需要储备怎样的技术和能力。
- ❑ **目标要有挑战性**：核心目标值需要具有一定的挑战性，业务出现天花板时，应找寻技术突破点，避免陷入惯性思维。
- ❑ **上下游统筹管理**：需要做顶层设计，从架构、组织、测试、业务领域等多个维度对策略进行分解，需要充分思考每一个策略的核心项是什么，以及策略能产生多大的效能提升。
- ❑ **拿结果建团队**：目标设定需要兼顾技术团队的成长和发展，需要考虑技术目标可以为团队带来哪些变化。
- ❑ **唯一不变的是变化**：技术能力建设通常需要较大的投入，设定目标时也要提供对应的止损和应对变更的策略，以避免变更造成重大的损失。

❑ **数据化建设**：技术需要有比较强的数据意识，技术能力的建设离不开数据的辅助，需要了解数据背后的意义，需要有通过数据影响产品和运营的意识。

例如，有一个技术项目的核心问题是要解决 App 的用户体验问题，具体解决步骤如下。

第一步，需要分析核心的体验问题到底是什么。通过舆情或客户调研、线上监控数据等多种方式总结出排在前三的问题：1）打开或加载速度慢；2）消息没收到；3）异常关闭。

第二步，根据这些问题来判断优先级。如果这里将优化打开和加载速度作为第一优先级的核心问题，就可以根据这个方向设定一个长期的技术目标：页面秒开。

第三步，根据核心目标和愿景，设计出技术需要优化、重构或者引入新技术进行技术发展的部分。当然在做技术规划的时候，还需要考虑到投入产出的性价比，同时设计后备方案来应对变化，如图 1-5 所示。

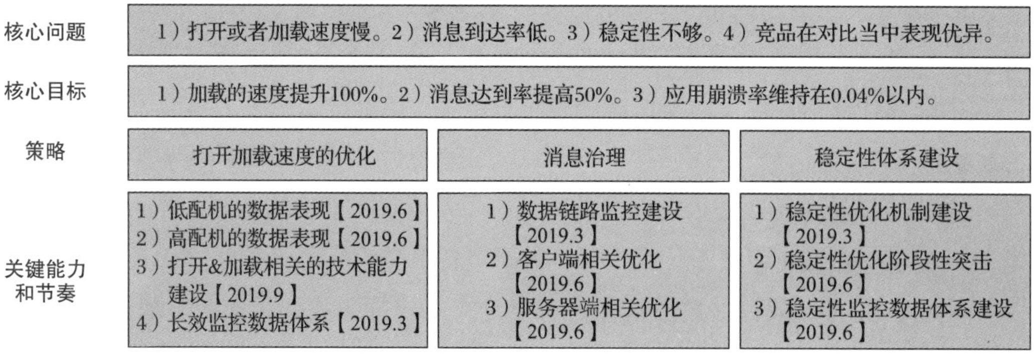

核心问题	1）打开或者加载速度慢。2）消息到达率低。3）稳定性不够。4）竞品在对比当中表现优异。		
核心目标	1）加载的速度提升100%。2）消息达到率提高50%。3）应用崩溃率维持在0.04%以内。		
策略	打开加载速度的优化	消息治理	稳定性体系建设
关键能力和节奏	1）低配机的数据表现【2019.6】 2）高配机的数据表现【2019.6】 3）打开&加载相关的技术能力建设【2019.9】 4）长效监控数据体系【2019.3】	1）数据链路监控建设【2019.3】 2）客户端相关优化【2019.6】 3）服务器端相关优化【2019.6】	1）稳定性优化机制建设【2019.3】 2）稳定性优化阶段性突击【2019.6】 3）稳定性监控数据体系建设【2019.6】

图 1-5　技术项目目标设定虚拟示例

（2）业务项目

什么是业务项目呢？淘宝天猫的大部分项目都来自业务需求，最终为我们的客户、商家和消费者产生价值，这类项目都属于业务项目。业务项目会根据需要制定业务目标，以及对应承接的技术目标。业务项目与技术项目不同的是，业务项目首先需要通过分析找到核心的增长路径。

❑ **核心目标的增长路径设计。**明确了解自己业务的增长模式、核心目标和终极愿景，分段式地设计好业务增长飞轮，逐步设计好 1～3 年的业务运营计划。

❑ **最小闭环设计。** 明确第一步要做什么，明确业务的保活线和基线能力，设置业务的第一条护城河。有了保活线之后，逐步完成产品框架大图。

❑ **业务目标值的设定。** 1）根据对手的增长规模来设定；2）根据自身所处平台的增长规模来设定。

例如，假设有个业务产品的核心目标是冲击 GMV（Gross Merchandise Volume，成交总额）。

第一步，分析冲击 GMV 的必要因素。根据 GMV=UV×CVR× 客单价来进行分析，可以得出三大核心拉动方向：1）拉新引流提高 UV（Unique Visitor，独立访客）；2）增加权益点和货源来提高 CVR（ConVersion Rate，转化率）；3）用促销玩法和分人群卖货的方式来提高客单价。

第二步，分析三个增长方向的性价比，找到可以最快验证模式的最小闭环。拉新引流、调整权益和分析卖货三个方向中，根据投入产出比我们可以判断出，调整权益确定产品的心智是第一优先级的要务，只有提高业务的 CVR，得到用户的认可建立心智，再进行引流和引货，才能达到事半功倍的效果，随后就可以开始进入增长飞轮模式。

第三步，设定具体的目标值，最好的方式当然是寻找参考物。如果存在竞对产品，可以根据竞对产品的增长模式或者数据规模来进行有效的设计。如果没有竞对产品，那就需要深度分析业务所处行业的规模来进行分段式的设计。

最后，业务必要有 1～3 年的运营规划，以便在目标复盘和目标变更时都能有比较好的回顾路径，也可以在目标发生变化时，为业务变化提供更多的策略和后备方案，如图 1-6 所示。

（3）创新型项目

创新型项目更偏向于探索，可能其商业模式与产品形态都尚未确定，也没有过去的数据可以参考，所以为创新型项目设定目标是一大挑战。如果是创新型业务项目，需要明确当前的北极星目标是什么，以及与项目的商业模式和增长飞轮对应的组合目标。

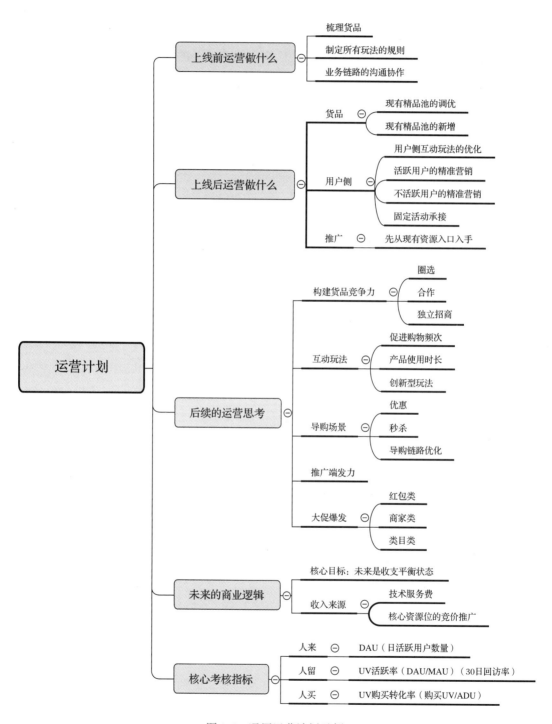

图 1-6　通用运营计划示例

❑ 北极星指标

因为项目的目标可能不止一个，找到最关键的那一个至关重要，因为它代表着管理层对公司（或项目）价值和公司（或项目）成功关系的理解，也可以用于指导基层员工日常工作。如果你的项目业务指标都是一些过程指标，那么一定要向项目发起人确认一个问题：咱们的北极星指标是什么？北极星指标要像北极星一样，高高闪耀在空中，指引着所有人朝着一个方向前进。

❑ 增长飞轮

增长飞轮对应的商业模式是项目价值的壁垒和护城河。只有当业务的增长飞轮设计得非常巧妙，让人有一种不得不服的感觉时，你的业务才离成功更近。如果你的项目还没有设计出这种增长飞轮，那么一定要进行持续思考，并督促相关人员，特别是产品和业务一起进行思考，共同得出结论。

图 1-7 所示为某产品的增长飞轮，项目的目标就是用户增长。核心目标可分为三个部分：独有的高质量 IP 内容、技术能力、完整的商业体系和变现能力。增长飞轮的设计就是将内容生产体验、优质内容、用户观看体验和用户增长四个互相关联的实现路径作为第一层的飞轮，然后从这些飞轮中再分解出各个区块的实现内容。

从图 1-7 中我们可以比较清晰地看出各个内容事件与目标设计之间的关联，从而更好地控制项目的实现路径。

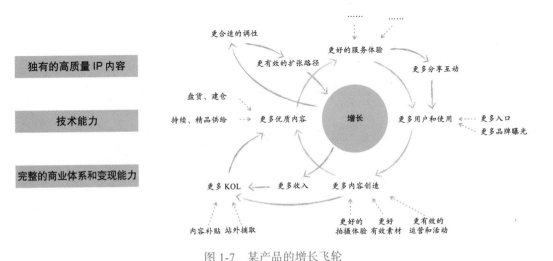

图 1-7　某产品的增长飞轮

1.2.3　目标的拆解和计划设定

1. 目标拆解的重要性

美国心理学家弗鲁姆在 1964 年出版的《工作与激励》一书中提出的期望理论揭示了一个规律：个人对目标的理解和重视程度将直接影响到他实现目标的动机和行为。由于目标是团队成员亲自制定的（或认可的），对其有充分的理解，个人主观上认为能够达到目标的概率很高，同时也能给予足够的重视，因此个人总是希望通过努力来达到预期的目标，就会很有信心，并激发出很强的工作力量，产生强大的内在动力。

拆解目标是为了让项目组成员对于目标达成共识，知道自己应该做什么来帮助团队达成目标，以及为大家在后续项目进行过程中做决策提供依据。

2. 拆解的方案和粒度

当一个目标太远大时，我们可能会因为苦苦追求却无法实现而气馁。因此将一个大目标科学地分解为若干个小目标，落实到每天每周的具体任务上，便是实现目标的最好方法，如图 1-8 所示。

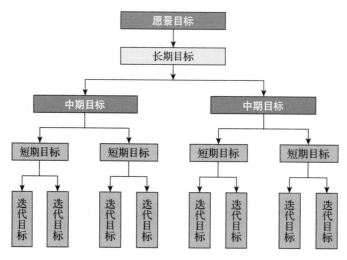

图 1-8　目标分阶段拆解

终极目标是灵魂，是数字无法表达的项目愿景和价值导向，那么往下长期目标、中期目标中的各个指标又该如何设定呢？首先，各个指标之间对于最后的终极目标是要有关联性的，该做多少和能做多少要进行理性的拆解，利用数学公式将一个大的目标拆解到最细，是保证项目推进协作的基础。比如，GMV=UV×CVR× 客单价，为了达到 GMV 这个长期目标，就要确定 UV 引流在什么阶段要达到什么量，CVR（转化率）在什么阶段要达到什么量，客单价又要如何保证。有了这些基础目标值之后，就可以再往下拆解成各个更具体的关联目标，进而继续拆解成更小的项目和需求。但是在执行小目标的时候一定不要忘了主目标，因为有时候子目标之间也要进行权衡，局部最优解不一定是全局最优的，所以我们在执行目标时，一定要时刻切合主目标。

3. 里程碑的设定

当项目的目标拆解粒度已经足够了之后，接下来就是安排目标推进计划（里程碑）。里程碑设定包括两个关键点，具体说明如下。

第一，里程碑切分方式。里程碑既可以根据固定的时间周期切分，例如，每月、每季等，这样可以均匀地监控阶段性的交付成果，也可以按照重大交付时间点来设定，例如，系统上线、系统灰度发布、市场发布会等重要节点。

第二，每一个里程碑节点都需要有一个主题（主轴）。主题可以保证工作人员在周期中能有明确的推进方向和评审方向，从而尽快得到明确的结果。

1.2.4　目标执行和监控

1. 目标监控及信息同步

随着项目的进行，总会有各种各样的风险影响项目目标的达成。我们需要识别、分析、监控、应对这些风险，从而更好地完成目标。同时，我们还要将目标完成情况及时同步给项目发起人、职能主管、项目组长等项目干系人，以便相关人员的信息能够保持同步，寻求项目发起人和职能主管的支持等。

此时，目标可视化就显得特别重要。项目可以通过目标看板或者其他工具进行目标可视化的监控，以便可以及时进行方向和数值上的调整，同时也可以及时暴露风险。

例如，"用户体验提升专项二期"的目标墙，会基于总体目标，拆解出每个月的目标，同时目标上墙，配以负责人照片，最大程度让目标负责人对目标有明确的责任感和使命感。同时，通过这个目标墙，我们可以全程监控目标的完成情况，暴露风险，上下拉齐数据和进展。

2. 目标管理指导思想

根据目标进行系统的整体管理，使管理过程、人员、方法和工作安排都围绕目标来运行；在各级/各层面清晰目标的指导下，充分发挥人的主观能动性，以提高对环境的应变能力。PM（Project Manager，项目经理）自己也要深入理解业务，这样在做决策时才能有自己的判断，以免陷入被动，同时还能往好的方向影响项目的结果。

3. 目标的评审和调整

定期做目标的评审和调整，最长周期是在项目月度复盘的时候，最短周期可以是每天晨会的时候。如果出现意外、不可预测事件，严重影响到目标的实现，或者通过业务数据判断目标不合理，那么我们需要通过一定的手段及时修改原定的目标。

目标评审的同时，也要及时实施激励机制。项目干系人通过项目评审可以及时地获得反馈，可以提高投入度。

1.2.5 目标变更

在阿里巴巴流行这样两句话："唯一不变的是变化。""今天的最好表现是明天的最低要求。"所以在阿里巴巴，变化是无处不在的，尤其是目标的变化，因为没有轻轻松松就可以完成的项目目标。那么，变化可怕吗？诚然，目标变化会造成一定的资源浪费，会带来项目风险，会涉及人员设置、组织结构的变化。但是变化也会让项目逐步找到正确的方向，将资源更好地集中在可以冲击的目标上，反而提高了ROI（Return On Investment，投资回报率），甚至还能建设更健康的团队。那么，目标变化为什么会变更？会产生什么影响？应该如何应对？

1. 变更的原因

我们通过两个具体的案例来说明目标变更的原因。

（1）业务目标变更的案例

1）9月底业务目标DAU（Daily Active User，日活跃用户数量）是500万，而根据当前的DAU测算，是不能按时达成目标的，这种情况就必须下调目标。或者已经提前完成了业务目标，就需要将业务目标重新制定为需要跳一跳才能达到的目标值。

2）如果一个项目执行、评审完之后，发现业务的核心目标已经达成，但是其也造成了其他周边业务数据的下降，那么此时，我们就需要重新设定核心目标的范围和内容，从而找到正确的方向。

（2）技术目标变更的案例

1）当我们准备优化一个系统时，发现公司内部已有类似的技术产品，考虑到可以不用重复造轮子，项目方案就改成了复用、对接现有的产品。这种情况下，目标就不能维持为"打造 ×× 产品来提升 ×× 性能 ×%"，交付物与目标就要改成"对接 ×× 产品来提升 ×× 性能 ×%"。

2）引入了某种技术重构方案，期望在体验上可以带来质的变化，但是第一版预演后发现优化效果远不及预期。这种情况可能就需要下修目标，或者重新思考项目方向，寻找更有价值的优化点。

2. 变更所带来的影响

从目标变更范围的影响来看，目标所覆盖的项目集越多，影响就越大，执行变更的难度也就越大。比如一个跨 BU 的项目，目标从最初的用户数变为了 GMV，那么该目标的项目人群也会发生重大的调整，原本负责用户增长团队的优先级可能会降低，而负责用户转化、成交的项目团队可能要承担更大的目标绩效。

从团队拆解的力度上讲，目标可量化的程度越高，目标调整带来的影响就越大，执行二次目标拆解与优化的难度也就越大。每次进行目标拆解都是需要投入精力和时间的，目标拆解的力度越细，各子目标间的关系就越清晰，目标跟踪与执行也越容易被度量，因此组织组成体系将变得非常复杂，此时，如果外界因素导致目标发生变更，那么联动子目标或叶子目标的变更影响将会更大。

从目标执行的周期来讲，目标执行越久，目标调整带来的影响就会越大，通常越到项目执行的后期，目标变更将越难以实现。所以针对目标的阶段性回顾就显得十分重要了，阶段性目标达成效果回顾，就是一次"照镜子"的过程，看看效果与团队的心理预期是否一致。

3. 应对目标变更的方法

（1）要有明确高效的决策组织

首先，最重要的是要有明确高效的决策组织，这个决策组织可以只有一个总负责人（即 1 号位），也可以是由多个核心成员组织的决策团队。项目在执行过程中，需要有完备的评审机制和流程，以保证决策组织能够获得足够多的输入信息，可以高效地做出正确的决策，并有效地落实到项目组中。

（2）要有变更保障的机制和流程

目标的变更，会对原有目标、新目标都造成不同程度的影响，我们在项目组织上也要做出对应的调整，例如，人力资源、评估耗时、评估风险、应对策略、新目标拆解时效、新目标落地传达时效，甚至重新举行 KO 启动会等，才能更高效地完成目标变更。目标变更的发生，通常都很突然和紧急，令人猝不及防，所以变更过程中的信息聚合效率要足够高，只有这样才能保证目标变更的效率，不至于造成太多的时间浪费。

当我们确定好项目目标之后，接下来很关键的一步就是开始落地执行。产品研发型的项目需要针对目标来梳理产品需求，进入研发迭代阶段。1.3 节将为大家介绍如何做好需求管理。

1.3 需求管理

文 / 章冀灶（晟远）

我们将从需求的定义、规划、澄清、拆分、进度管理这五个方面来介绍如何管理需求。

1.3.1 需求定义

1. 什么是需求

我们经常提到"需求""用户痛点"，那么到底什么才是"需求"呢？

我们可以将"需求"理解为用户的需要，即产品现状无法解决的用户痛点。用户之所以选择一个产品，一定是为了解决某些痛点。接下来我们将举例说明到底什么是需求。

示例一，淘宝直播是淘宝推出的一个导购产品。对于 C 端用户来说，他们希望在看直播的同时能够与主播互动，解决自己在收看直播的过程中对于商品所产生的疑问。

评论功能是与主播互动非常有效且直接的功能，用户可以通过提问快速得到主播的回复，因此评论功能可以作为淘宝直播的一个功能需求。

示例二，小红作为某社区 App 的高活用户，粉丝数将近十万。持续运营粉丝及商业化是 KOL（Key Opinion Leader，关键意见领袖）的强诉求，那么对于社区平台来说，应该为 KOL 提供什么样的功能呢？

自运营的功能是 KOL 的强诉求，例如，圈子自建、管理等能力就是 KOL 在自运营诉求中的基础需求。

从某种程度上来说，未满足的用户的真实诉求、用户的吐槽点都应该是产品的需求，产品需求源自用户，也服务于用户。

2. 需求结构

需求因其层次的不同会具有不同的结构，一般情况下，需求结构主要分为三层，如图 1-9 所示。

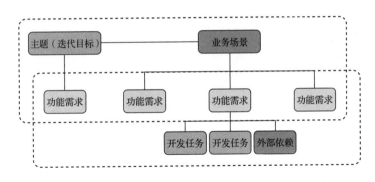

图 1-9　需求结构图

（1）业务场景层

业务场景层主要包含可发布、可运营的基本单元。对于明确的业务目标，业务场景可提供相对完整的业务能力，包含业务链路上的一个或多个产品功能。

（2）功能需求层

功能需求层主要包含可测试和可部署的基本单元。功能需求包含一个或多个开发任务，是用户可以感知到的功能，服务于具体的业务场景。

（3）开发任务层

开发任务层主要包含基本的开发单元。开发任务既包括团队的任务，也包括需要依赖其他团队配合开发的任务。

从图 1-9 上半部分可以看出,整个上层结构都是基于产品规划层面,将功能需求与业务场景对齐,快速交付业务场景,并形成业务目标的反馈闭环。当然,在某些情况下,功能需求也可以直接与迭代目标对齐,以保障迭代目标的达成,形成相应的反馈闭环。

而图 1-9 下半部分则主要是基于整个交付团队层面,是将开发任务与功能需求对齐,以保障持续高质量的需求交付为核心目标。

上面的描述可能比较抽象,下面我们通过一个实例来说明。

1)迭代目标。淘宝直播团队在 2020 年上半年的某个迭代中希望能实现直播频道留存的增长,次日留存从 ××× 增长到 ×××。

2)业务场景。要想实现上述的迭代目标,核心的策略是用营销活动、产品策略等方式留住用户,提升用户的活跃度。经过业务、产品、开发等相关人员的协商,最终团队决定采用签到领红包、秒杀等营销方式来达成用户留存的目标。在这个场景下,签到领红包、秒杀等营销活动就属于业务场景,在需求阶段我们就应该明确各种营销方式,助力达成目标。

3)功能需求。这里我们以签到领红包的业务场景为例,从功能需求的维度来看,签到领红包一般可以分为签到、红包领取、红包发放、红包消费等功能,那么对于产品人员来说,应该针对上述这些功能进行详细的需求设计,以保障签到领红包的业务场景是可以实现功能闭环的。

4)开发任务。以上述的红包领取业务场景为例,在淘宝天猫的场景下,该业务场景与登录、卡券包等依赖方及内部的一些开发任务相关,所以一般情况下,我们可以将开发任务拆解为卡券包、红包发放接口联调、淘宝天猫登录接口开发及联调等子任务。只有完成所有的开发任务及完成联调部署之后,才算是实现了其中一个功能需求。

我们可以发现,需求包含了很多层不同的结构。日常生活中,我们也需要拆分需求,最细的颗粒度就是开发任务,那么,如何进行有效的拆分呢?具体细节我们将在 1.3.4 节中展开讲解。

3. 需求来源

需求的来源是方方面面的。根据需求来源的不同,我们可以将需求分为内部需求和外部需求。外部需求主要是指针对用户研究、访谈等所产生的需求，内部需求主要是指领导层的指示、业务方的需求等。

通常情况下，在淘宝天猫，我们一般会根据来源角色的不同将需求分为三类，分别是产品运营类需求、视觉交互类需求、技术类需求。下面我们就来分别看一下这些不同类型的需求。

（1）产品运营类需求

产品运营类需求一般由产品、运营人员提出，来源于产品的需求一般是基于整体产品架构设计而产生的需求，而来源于运营的需求则一般都是运营人员在平台使用、用户调研等过程中产生的需求。无论是产品需求还是运营需求，所有的需求都应该经过可行性分析、优先级定义、方案设计之后再进入到后续的评审等环节。

这里以躺平 App 为例进行说明。产品人员会定义整体产品的基础架构，例如，发布体系、消息体系、圈子互动体系、导购交易体系等，均是基于基础产品架构功能而定义的产品类需求。运营类需求与之类似，例如，社区希望刺激用户生产优质的内容，那么运营就会针对该目标提出相应的营销活动需求，然后产品人员将基于运营的活动需求进行可行性分析等，直至产出 PRD（产品需求文档）。

（2）视觉交互类需求

视觉交互类需求一般由 UED（交互视觉设计）人员提出，主要是基于产品交互体验的一致性、便捷性、友好度及视觉品牌的认知提出的需求，该类需求一般会从用户体验的角度出发，通过交互优化、视觉升级等方式为用户提供体验更好的产品。

（3）技术类需求

技术类需求一般由技术、测试等相关人员提出，主要是为了构建高可用、安全、顺畅的产品，通常会分为安全性需求、性能需求、稳定性需求等。安全性需求主要是为了保障用户在产品体系中的信息安全、支付安全等，保障的是用户的基本权益。性能需求则主要是为了保障用户的使用体验，能够为用户提供流畅的操作体验，性能需求的指标一般会包括帧率、CPU 等。稳定性需求主要是为了保障产品在使用过程中各项功能的稳定性，尤其是对于移动端 App 的使用，大家会更多地关注崩溃、卡顿等问题。

从本质上来讲，无论是什么样的需求，或者是来源于谁的需求，首先都应该从用户诉求、用户痛点出发，服务好我们自己的用户。用户是产品的核心，你所服务的群体将是未来用户增长的核心目标群体。

1.3.2　需求规划

1. 需求目标

战略目标可拆解为四层：战略、战役、项目集（项目组合）、项目。项目目标对于战略来说是最小的单元，但对于小团队或项目组而言，其又变成了一个核心的方向，我们需要将项目目标继续往下拆解，以方便项目的落地，即项目 / 团队目标→迭代目标→需求目标。下面我们来看一个具体的实例。

（1）项目 / 团队目标

阿里巴巴躺平 App 的定位是好物分享推荐社区。该团队 2019 年上半年的目标主要分为如下几点：DAU 达到 ×××，次日留存 / 第 30 日留存达到 ×××，互动率达到 ×××。

（2）迭代目标

该项目组采用双周迭代（指从业务需求的产出到最终发布上线的时间为两周）的方式来保证产品的持续交付。项目经理将上半年的 6 个月分成了 12 个迭代，并且针对每一个迭代对相应的目标进行了拆解，例如，2019 年上半年第一次迭代中，DAU 为 ×××，次日留存 / 第 30 日留存为 ×××，互动率为 ×××。

（3）需求目标

一个迭代的目标需要通过该迭代中的所有需求来实现，所以需求也需要有相应的目标。例如，分享的需求，主要是用于帮助拉新回流，那么从目标的角度来衡量，我们可以将分享的需求定位在对于拉新的增长刺激。

上述的例子可以说明各层级间目标的相互依赖关系，但是部分读者可能还会产生这样一个问题，即我们已经有了项目目标、迭代目标，为什么还要为需求设定目标呢？

我们可以清楚地看到，在项目的运转过程中，需求是助力项目目标达成的最小单元，如果过程中我们没有对需求目标进行设定及衡量，那么极有可能会出现的一种现象就是，我们做了一堆未经深入思考和论证的需求，做了很多可能无法助力项目目标达成的需求，这就很容易导致整个项目组走弯路、偏离正道行驶。下面，我们简单总结一下设定需求目标的好处。

❑ 需求目标可以更好地帮助衡量需求的实现与项目目标的关系，减少未经思考论证的需求的产出。

❑ 需求评审（下文将提到）能够根据不同的视角针对需求的目标进行讨论，多维度判断需求目标设定的合理性。

❑ 需求上线后有助于通过线上数据的反馈与之前设定的目标值进行对比，分析超出预期或者未达到预期的原因，为后续的持续迭代做好相应的分析及输入。

总而言之，前期的目标设定在项目运转过程中起到了非常重要的作用，PM（项目经理）应该持续关注目标的设定、目标的合理性及上线后的数据反馈等，帮助整个项目组在需求实现上建立相应的闭环，持续驱动大家朝着正确的方向前进。

2. 需求优先级定义

当需求目标明确之后，接下来就是需求分析的阶段。任何一个项目组的研发、测试、设计等资源都是有限的，我们需要在有限的时间内尽快交付需求，同时为了使 ROI（投资回报率）更高，需要更早地交付优先级高的需求。那么到底应该如何确定需求的优先级呢？

需求优先级 =（（企业收益 − 企业成本）/ 企业成本）× 用户获利值 × 目标用户占比

当然在很多场景下，尤其是在互联网行业中，我们通常很少以上述公式分析需求的优先级，而是借助一些工具来对优先级进行分析和判断，通常采用的是 KANO（卡农）模型。

KANO 模型是东京理工大学教授狩野纪昭发明的用来对用户需求进行分类和优先级排序的有效工具，以分析用户需求对用户满意度的影响为基础，体现了产品满意度和用户满意度之间的非线性关系（引自百度百科）。KANO 模型一共包含五类影响因素，具体说明如下。

❑ **必备因素**：满足此基础需求时，用户才会使用产品。如果不提供此需求，那么用户满意度会大幅降低，甚至流失。比如说，社区类 App 没有发布器。

❑ **期望因素（线性因素）**：KANO 模型是从线性需求模型演变而来的，线性需求在产品中实现得越多，用户就越满意，如果不提供此需求，那么用户满意度会降低。例如，社区类 App 中的圈子自建、圈子管理功能。

❑ 兴奋因素：用户意想不到的因素。不提供此需求，用户满意度也不会降低，但是在提供此需求后，用户满意度会有很大的提升。例如，短视频 App 中的视频瘦身功能。

❑ 无差异因素：无论是否提供此需求，用户满意度都不会变。

❑ 反向因素：用户根本没有此项需求，提供后用户满意度反而会下降。

基于 KANO 模型，同时结合业务目标，我们更容易得出需求的优先级。在实操中，我们通常会对上述三类因素分配一定比例的资源投入，常规资源配比为"必备因素：期望因素：兴奋因素 =6：3：1"（也可视项目组具体情况而定）。

3. 需求负责人机制

我们的项目管理团队面临的现状是，对接大淘宝上千名技术开发人员的 PM 只有十几个人。显而易见，每个人的精力有限，只能关注重点的战役、项目集，对于参与人数在几百甚至上千的大型战役、项目集 PM 无法完全深入到每一个项目的细节中，但又必须统筹整体的进度、风险、目标达成情况等。那么，如何才能做好统筹呢？

这时候就需要有一个纵向的 PM 梯队，也就是说，很多技术人员将兼职 PM，腾出一些精力负责其项目的交付情况、关注项目的细节等。

位于整个梯队最底层的其实就是所谓的需求负责人。需求负责人对需求目标的实现负责，包含前期需求价值评估、可行性分析、需求排期、进度跟踪、风险把控、保障稳定发布等一系列流程。简而言之，需求负责人就是需求的第一负责人，如图 1-10 所示。

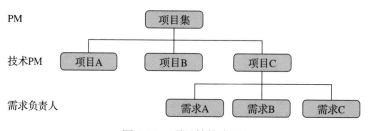

图 1-10　项目结构大图

需求负责人的核心职责具体说明如下。

- ❑ 需求价值评估阶段：负责人要尽可能地深入理解需求，做好价值判断，明确需求的目标。
- ❑ 可行性评估阶段：确认方案的可行性，明确上下游依赖，排除项目潜在风险。
- ❑ 项目排期阶段：明确技术方案，组织技术方案评审，对项目进行排期。
- ❑ 项目开发测试阶段：做好进度跟踪，把控风险，推动解决关键问题，每日同步项目进展，监控关键风险点。
- ❑ 项目上线阶段：做好稳定性观察、舆情观察，上线后跟踪数据效果。

在实操过程中，我们将负责此需求的最主要的开发人员任命为需求负责人，由该开发人员统筹全局。因为该开发人员对于整个需求的实现、可能产生的风险、开发的成本预估等会更准确。

在需求落地的过程中，需求负责人一定要注意，不仅要关注需求的交付及系统的设计，而且还要关注需求价值、可行性评估等。很多时候我们会发现，风险的引入从需求阶段就已经开始了，需求的逻辑不清、价值不明导致了上线后未能达到预期。需求的交付仅仅是需求全生命周期中很小的一个环节，要想保障需求价值的高效交付，需求负责人更应该关注端到端的链路。

4. 需求计划管理

需求计划管理是指管理需求端到端全生命周期的计划，即明确需求各关键节点的时间，例如，定义需求目标、需求 / 交互 / 视觉评审时间、开发联调时间、提测时间、发布部署时间等。需求负责人应按照实际、客观的情况制定相应的详细计划。在计划的制定过程中，需要综合考虑可能影响到时间计划的因素。可能产生影响的因素包括需求优先级、资源投入情况、工时评估、封网计划等。

在制定需求计划的过程中，为了更高效地产出及提升可视化，我们一般会借助工具来进行相应计划的制定及管理。例如，在淘宝天猫内部，我们通常会使用 Aone（阿里内部的项目管理工具）进行计划的制定、管理及持续跟踪，市场上使用较多的还有研发效能工具 Teambition 等。当然，也可以使用一些线下的工具来制定相应的计划，需求负责人可根据自己的习惯来选择。但在一个项目组中，PM 应尽量使大家通过同一种工具来进行管理，以方便对项目进行长期的管理，以及与项目组成员查看项目计划的习惯保持一致。

甘特图或 Excel 表都是用于制定计划的辅助工具。如果在制定需求计划时，发现该需求的上下游依赖特别强、依赖关系非常复杂，那么我们建议需求计划的制定最好是采用甘特图来进行，其余的情况借助于 Excel 表应该就可以满足需求了。图 1-11 为 Excel 计划图。

任务模式	任务名称	工期	开始时间	完成时间	前置任务
	需求评审	1 天	2017 年 4 月 18 日	2017 年 4 月 18 日	
	交互评审	1 天	2017 年 4 月 25 日	2017 年 4 月 25 日	
	技术方案	3 天	2017 年 4 月 19 日	2017 年 4 月 21 日	1
	详细设计	1 天	2017 年 4 月 24 日	2017 年 4 月 24 日	3
	测试用例评审	2 天	2017 年 5 月 3 日	2017 年 5 月 5 日	
	• 前端页面开发	19.13 天	2017 年 4 月 26 日	2017 年 5 月 20 日	2
	应用申请及项目框架搭建	4 天	2017 年 4 月 26 日	2017 年 5 月 1 日	2
	行业小二平台	15 天	2017 年 5 月 2 日	2017 年 5 月 22 日	
	猫客平台	6 天	2017 年 5 月 8 日	2017 年 5 月 15 日	
	系统流程串联	1 天	2017 年 5 月 15 日	2017 年 5 月 15 日	
	后台接口联词	2 天	2017 年 5 月 16 日	2017 年 5 月 17 日	19
	基本流程提测	1 天	2017 年 5 月 18 日	2017 年 5 月 18 日	20
	任务日历提测	1 天	2017 年 5 月 23 日	2017 年 5 月 23 日	14.18
	• 服务端	32.88 天	2017 年 4 月 6 日	2017 年 5 月 22 日	3
	选品 + 打分	15 天	2017 年 4 月 27 日	2017 年 5 月 18 日	
	任务流转	15 天	2017 年 4 月 25 日	2017 年 5 月 15 日	
	活动排期	14 天	2017 年 4 月 25 日	2017 年 5 月 14 日	
	投放	27.88 天	2017 年 4 月 6 日	2017 年 5 月 15 日	
	数据	–			
	联测	27.88 天	2017 年 5 月 16 日	2017 年 5 月 18 日	
	• 客户端	7.88 天?	2017 年 4 月 25 日	2017 年 5 月 4 日	
	iOS 端	7.88 天?	2017 年 4 月 25 日	2017 年 5 月 4 日	
	安卓端	8 天	2017 年 4 月 25 日	2017 年 5 月 4 日	
	测试	5 天	2017 年 5 月 18 日	2017 年 5 月 24 日	

图 1-11 Excel 计划图

从图 1-11 中我们可以发现，需求计划必须要包含一些元素，如需求描述、需求优先级、PM（即需求负责人）、开发人员等。下面分别解释一下各元素的定义。

- **需求描述**：明确展示该需求，方便所有项目成员对需求情况一目了然。
- **需求优先级**：通过卡农模型等方式明确需求的优先级，并将其标注到需求计划表中。
- **需求负责人**：提前定义好所有需求的负责人，负责该需求端到端的交付。
- **开发人员**：列出该需求涉及的所有相关开发人员，只要是有依赖关系的人都应该列出来。
- **工期**：评估实现需求各依赖模块所需要的工时。
- **联调、提测等时间**：明确定义好涉及开发的各端的联调、提测的时间点，包括测试介入、测试发布等时间点。

在需求计划的制定过程中，我们应该优先关注高价值、高优先级需求的排期，将核心的资源重点部署在该类需求上。

这里需要强调的一点是，对于涉及横向依赖的需求，PM 一定要梳理好彼此之间的依赖关系，上下游的交付节点至关重要，因为一旦出现依赖关系梳理不清、交付节点不明确的情况，就极有可能会出现最终交付延迟的问题。

项目计划得到最终确认之后，PM 应第一时间同步给项目组成员，让所有项目相关方确认排期的合理性，如有异议再线下重新对焦，直至确认最终的排期计划。

1.3.3　需求澄清

需求的澄清通常通过撰写 PRD 或举办评审活动。

1. PRD

PRD（Product Requirements Document，产品需求文档）一般由产品经理根据需求撰写，是需求进入交付环节之前非常重要的产物，也是产品经理将业务需求、用户需求翻译成产品语言的产物。PRD 的作用具体如下。

- ❑ **降低项目成员沟通成本**：项目成员可以通过文档理解和查看逻辑问题，而无须线下找产品经理确认。
- ❑ **梳理逻辑，避免遗漏**：PRD 会梳理所有的产品逻辑。
- ❑ **信息存档**：方便后来的产品经理对于过往需求有更全面的了解，同时也可以作为团队沉淀的资产。PRD 可以算作对产品的注释。

但是实际上，每个产品经理都有自己的风格，所写的 PRD 也千差万别。为了更好地统一大家的认知、提升其他成员的浏览效率，应该针对需求模板对 PRD 进行相应的统一。淘宝天猫常见的需求模板包括如下几个方面。

- ❑ **需求背景**：填写需求来源、需要解决的问题和达成的目标等，用于描述需求的重要性等。
- ❑ **需求方案**：填写需求的详细逻辑，业务流程（正常还是异常）和业务规则等。
- ❑ **需求验收标准**：填写需求的详细逻辑和内容，数据类需求需要增加明确的指标定义。

❑ **依赖方**：填写需求所要依赖的业务和模块。

❑ **数据埋点**：确认数据埋点的需求，以方便后续进行数据分析。

利用上述统一的需求模板，一方面可以统一大家的 PRD 格式，另一方面也会督促 PM 在写 PRD 之前考虑清楚需求的价值和目标，这在一定程度上可以避免一些没有经过深入思考和论证的需求直接进入开发过程，从而导致开发资源的浪费。

2. 评审活动

（1）需求评审的意义

需求评审是产品经理阐述需求设计思路的重点环节，也是从需求设想到开发阶段的必经之路。需求评审一般扮演着非常重要的承上启下的作用，需要在需求评审会上让各参与方都明白产品的设计思路、产品价值、背景、目标及可能需要的依赖。如果评审会上还有不明确的点，那么在会后还需要继续讨论，直至明确敲定所有的细节。下面简单总结一下需求评审的几个目的。

❑ **明确业务和产品价值**。需求是为提高用户体验、解决用户痛点等服务的，那么我们做需求也要明确其最终实现的业务或产品价值到底是什么，需要通过需求评审会议做一次全方位的传达。

❑ **达成一致意见**。现实中一个需求的实现往往需要项目组各端成员的协同，那么拉齐大家对于需求理解的一致性是非常有必要的，同时也能了解大家对于需求的疑问以及让成员明晰所要面临的挑战。

❑ **明确最终需求**。评审会的各参与方可以从不同的角度思辨需求的真伪、完善度及合理性，从而保障最终得出的是真正的需求。

（2）需求评审的参与人

需求评审会需要所有决定需求实现的相关人员都参加，包括业务方、产品经理、UED（交互视觉设计师）、项目经理、开发人员、测试人员、相关依赖方等，只要是会影响到需求按时上线的相关人员都需要参加。

❑ **业务方**：运营人员往往也会提出一些需求，需要产品经理翻译为产品预演并结合整体的产品设计给出合理的解决方案。

❑ **UED**：产品人员一般会在需求评审会之前就准备好产品的原型，UED需要实现整体的交互流程、页面展现等，并最终向开发人员提供交互稿或视觉稿。

❑ **PM**：如果项目组有专门的项目管理人员，那么一定要参与评审，帮助落地整体需求。

❑ **开发人员**：包括客户端、前端、服务端等所有与需求实现相关的开发人员都需要参与，同时建议技术总监一同参与需求评审会。

❑ **测试人员**：测试是对需求质量进行把控的重要一环，因此测试人员必须参与需求评审会。

❑ **依赖方**：如果该需求的实现需要依赖其他团队的上下游链路，那么依赖方的产品人员和开发人员也要参加需求评审会。

（3）需求评审流程

需求评审的流程一般分为三个阶段，分别是评审前、评审中、评审后，如图 1-12 所示。在各个评审阶段，我们都要提前做一些准备工作。

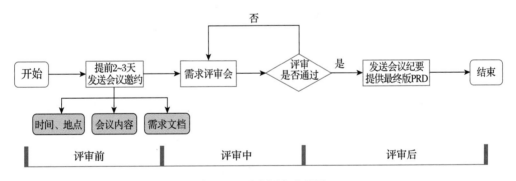

图 1-12　需求评审流程图

1）评审前。准备好需求之后，产品经理或项目经理应至少提前 2～3 天向参与方发送需求评审会议，明确评审会议的时间、地点，同时附上 PRD，让参与方能够提前了解需求细节。

2）评审中。需求评审会上，主要由产品经理讲解需求的背景和价值、功能模块及整体的优先级，同时如果提前准备好了交互流程，那么交互视觉设计师也可以在会上讲解交互流程。评审会上参与方应对所有不明确、依赖边界情况、技术实现困难点等问题提出自己的疑义，尽量在会议中明确敲定各个问题，如需进行线下讨论，那么产品人员应与所有相关方将存在疑义的问题点全部讨论清楚。为了保证需求评审会的高效，需要特别注意如下列举事项。

❏ 评审过程中要确保 PRD 与交互稿保持一致。

❏ 产品经理或项目经理一定要控制好整体会议的流程及进度，避免大家在讨论的过程中跑题，组织者应尽量控制会议的效率及讨论的方向。

❏ 如果会议中出现大的歧义或疑义点，应记录下来，在会后进行小范围讨论，评审会上先明确敲定大家一致认同的需求点。

❏ 切忌在会上讨论技术方案，技术方案应通过单独的会议进行对焦，评审会上开发人员可以根据自己的经验提供一些建议和反馈，但不要展开对细节的讨论。

3）评审后。评审会议结束后，如果会上所有的逻辑都已明确，那么产品经理应将最终版本的 PRD 明确后，提交给项目组的相关人员，同时设计师开始介入进行 UI 设计，开发人员设计技术方案并评估工作量。

如果会议中还存在有待明确的点，那么会后产品经理或项目经理应连同相关人员明确敲定这些有疑问的点，并且在得出明确结论后，及时同步给所有的相关人员，建议通过当面沟通、邮件、群沟通等各种形式同步最终结论，以防部分人员因信息不齐而导致需求遗留，或者造成开发资源的浪费。

1.3.4　需求拆分

软件开发过程中，需要回答两个最本质的问题，即做什么和怎么做。在这两个问题中，做什么无疑是最重要的。然而，软件开发中普遍面临需求不够清晰或者需求过大的问题，这些都成为限制软件持续交付的主要原因。那么，是否有一种实用的方法实践，能够快速地完成需求分析，理清需求背后的问题，并使需求得到合理的拆分呢？

1. 需求拆分的原因

（1）需求的拆分方式直接决定了研发的模式

在传统软件交付过程中，一个大的需求不会在问题域拆分，而是由架构师主导在实现域从实现的角度按模块拆分，再由不同模块的开发人员负责具体模块的开发工作。这种拆分方式下，只有当所有的模块全部开发完成之后，才能进行一次批量的集成测试。这就是传统意义上的瀑布模式。在这样的交付方式中，开发团队与业务方缺少有效的互动。对开发团队而言，产品交付只是完成手头上的一件工作，交付团队无法在业务上建立真正的心智连接。

如果需求是在问题域进行拆分，即将一个大的问题（需求）拆解成若干个小问题（需求），那么每一个小的需求便可以独立交付给开发团队进行开发，因为需求相对较小，各开发职能人员很容易协作并完成需求的实现，同时因为拆出来的每个子需求都是独立可交付的，这样就实现了持续交付。

两种需求拆分方式的对比见图 1-13。

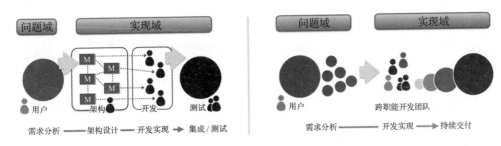

图 1-13　需求拆分方式对比图

所以，需求的拆分方式直接决定了团队的研发模式，而研发模式又直接决定了交付的效率。

（2）过大的需求会隐藏细节，而问题就在细节里

细节是魔鬼。软件开发中隐藏的细节，足够摧毁一切看似有序的计划。当用户故事只停留在宏观层面讨论时，需求看起来往往是很清楚的，或者虽然觉得有哪里不清楚，但是却说不出具体问题。如"支持二手商品交易中提供货物担保"，这个看似简单的需求，实则背后隐藏着大量的细节。

- ❑ 需要提供什么样的担保服务？
- ❑ 谁可以提供担保服务？服务商的资质需要审核吗？
- ❑ 哪种品类的商品可以提供担保服务？
- ❑ 非标品如何提供担保服务？

❑ 担保服务的服务费用如何结算？

❑ ……

如果细节没有得到澄清，就会为软件交付带来问题和风险。那么，既然需求拆分如此重要，为什么又很难做好呢？需求拆分的本质究竟是什么？

2. 需求拆分所面临的挑战

并不是大家不知道需求拆分很重要而不做需求拆分，而是因为要想做好需求拆分非常困难，因为需求拆分必须符合以下几项原则。

❑ **足够小**：只有足够小才能保证足够的灵活性，选择价值高的部分先交付，并保证在迭代内交付，以做到持续交付。

❑ **端到端**：只有端到端地进行交付，才能保证所交付的价值是有意义的。

❑ **独立性**：独立性有助于集成，以及灵活安排开发实践。

❑ **完整性**：拆分完之后，我们需要能够看到整体的结构。需求在拆分完之后，应该还是一个需求，这就意味着它能独立测试，实现一个独立的功能。

没做需求拆分并不是因为没有足够的技巧来对需求进行拆分，而是因为缺少足够多的信息，也就是本身对需求的阐述不清楚，比如没有明确清晰的目标、没有具体的用户操作流程及步骤、没有明确定义的业务规则……需求除了是产品交付的单元，还是沟通的载体，需求的拆分过程实质上就是需求沟通的过程。

需求拆分如此重要，却又如此难，那么，我们应该如何处理呢？

3. 如何做好需求拆分

要想做好需求拆分，首先需要了解需求的信息组织结构。芭芭拉·明托（Barbara Minto）在《金字塔原理》一书里提到过，任何信息的组织，都应该是结构化的。需求的信息组织呈现的是金字塔结构，金字塔的最顶端是需求的目标，中间为用户操作流程，底部为基本业务规则，可以达到以上统下、归类分组的效果。三个层次，自顶向下，逐渐明晰，如图 1-14 所示。

需求分析的澄清过程，本质上是收集和梳理需求信息的过程，即回答目标是什么、支持这个目标的操作流程有哪些、每个操作流程中又有什么样的业务规则等问题的过程。

图 1-14　金字塔原理

4. 实施步骤

下面我们试着通过一个实际的例子来讲解需求拆分的实施步骤。首先来看具体的需求及其细节。

躺平 App 引流需求

项目背景：计划通过发放红包的方式从站外引流，提升躺平 App 的 DAU。

项目目标：拉新用户×××，目标用户为×××，促进躺平 App DAU 增长×××。

项目方案：引流入口的曝光和营销逻辑由导流端实现，用户触发后会记录用户信息和引流商品信息，尝试拉起躺平 App 客户端或者引导至下载页；此方案为躺平 App 被拉起后，或者通过用户自主下载安装并打开后的承接。

需求细节

1）领取红包的触发条件：导流端拉起 App 时，会弹出红包领取卡片窗口，红包卡片弹出时间为用户登录后，具体如下。用户自行下载 App、打开后主动登录，经校验如果是符合红包领取条件的用户，就弹出红包领取卡片。如果用户不符合领取条件（比如已经领取过），不会再弹出红包领取卡片窗口。

2）拆红包：用户在登录状态下点击领取，即完成拆红包的动作。

3）如用户未领取红包而是主动关闭红包领取卡片，或者用户通过导流端二次触发打开 App，都不再弹出红包领取卡片窗口。

4）领取后展示领取结果页面，可能存在"领取成功""不符合领取条件""已领取过""已领完"几种状态，具体详情请见交互稿。

5）领取红包调用资金平台的红包发放接口。

6）成功领取红包页面，点击"去查看"前往红包卡券页，点击"去使用"前往购买引流商品详情页。

7）红包卡券页中，本次需求使用卡券包的 H5 页面。

实施步骤如下。

（1）澄清目标，明晰场景

从上述躺平 App 引流需求案例中，我们可以明确的一点是，该需求的核心目标是为了拉新。考虑到数据保密的原因，此处没有直接透露该拉新需求的核心目标，在实际操作过程中，我们需要在需求提出的时候就明确本次需求的数据化目标，即该需求需要实现的拉新 DAU 等一系列数据化目标。

很多项目组在落地需求的过程中经常会偏离方向，实现一堆没有价值、并非项目真正目标的需求，但并没有做出一个好的产品，无法满足用户需求。

当然，如果不了解真正的目标，没有目标驱动，会难以保证产出的效果，因为自己都搞不清楚为何而做、将去向何方。当接到一个需求时，我们要问的第一个问题就是，这个需求的目标是什么。即第一步就应该澄清以下几个问题。

❑ 目标用户是谁？

❑ 需求需要解决什么问题？

❑ 现存的解决方案是什么？

以下目标都是错误的，也比较常见。

❑ 笼统的目标。如"为了获得 GMV 1000 万"这样不具体的业务目标，或者是"为了让用户用得爽"这样无法度量的用户目标。

❑ 编造的目标。不清楚目标是什么，于是从需求功能倒推进行猜测。可能是为了什么？猜测是为了什么？

如果很难搞清楚目标，那么可以试试这样一个小窍门，就是向小朋友学习，不断地提出问题，如下所示。

❑ 为什么×××？为什么×××？为什么×××？

❑ 不做这个需求会怎么样？

澄清需求的目标，同时也是对需求的目标进行拆分的过程，一个大的需求目标，可以拆分成多个子目标。目标的拆分，也是对需求的拆分。

有了明确的目标，我们需要知道基于该目标的用户场景有哪些。用例可以帮助我们描述用户场景。

与此同时，还需要通过系统上下文，明确需求的各参与方。系统上下文会将需求的各参与方（用户或系统）列举出来，并将它们之间的关系用相对简单的模型进行呈现，对业务团队而言，这个系统上下文，就是业务上下文，开发团队也非常容易与具体的实现模型相关联。

系统上下文只需要列出简单的模型即可，而不需要是一个完整的精确模型，模型的演进细化是逐步的。从上面列举的躺平 App 引流需求的表述中，我们可以简单列出如图 1-15 所示的对象模型。

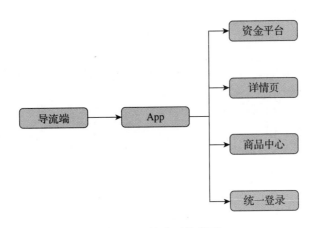

图 1-15　技术对象模型

接着我们再从目标出发，列出相应用户的使用场景（即用例），这样对用户场景也做了分解（如图 1-16 所示）。用户只关心系统所能提供的服务，即开发出来的系统如何使用，并不关心系统内部的结构和设计，这就是用例的基本思路。在这个阶段，我们也只关心这个层次。

（2）用户操作，理清流程

列出具体的用户使用场景，由多个场景一起完成某个业务目标，这样的需求分析依然没有结束。接下来我们再就某个用户的使用场景做更深入的分析。例如，如何实现这样的场景？用户会进行哪些操作？操作如何与系统进行交互？系统与其他外部系统是否也有交互？它们之间的交互过程又是怎样的？顺着这些问题深入到具体的细节，每个用例都可以产生相应的用户操作流程及系统交互过程，如图 1-17 所示。

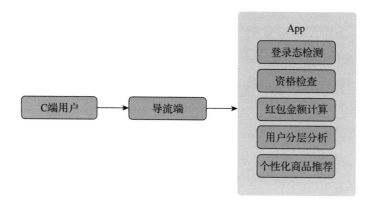

图 1-16　用户场景图

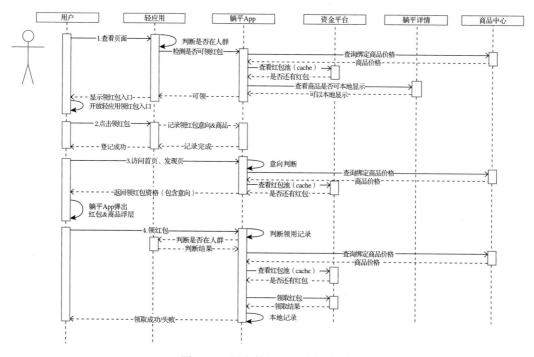

图 1-17　用户使用的完全链路图

随着信息的逐层细化，我们又会有新的发现，例如，在该用户交互工作流中，会引入新的参与者、新的对象，我们可以基于之前的系统上下文进行更深入的细化，打开更多的细节，从而形成新的领域模型，并逐渐演进。

下面就来说明一下这个阶段常见的两个误区，希望能够引起大家注意。

1）在做交互图或对象模型时，不是从业务操作和业务领域对象的视角进行描述，而是直接进入实现的细节。这个误区在技术开发团队中很常见。而且我们在这里用到的图表，很可能会被技术人员理解为技术时序图。图 1-18 中结合了用户的交互路径图及技术时序图，是为了方便大家理解，在实际操作中用户的交互路径图和技术时序图是解耦的，路径图在前，技术时序图在后。

2）追求完美，担心出错。在构建用户操作过程和领域模型的过程中，追求完美会使得我们迟迟不敢有所动作。其实大可不必，有比没有好。先打一个草稿，然后基于草稿，不断讨论和演进，这才是正确的分析过程。

（3）列出规则，逐步细化

完成以上两个步骤之后，流程的主要操作步骤、交互过程就都梳理出来了，这个时候，就需要进一步明确业务规则。例如，用户领取红包的规则、发放红包金额的计算规则、个性化商品推荐规则，等等。将规则列举出来之后，我们需要对规则做一个更具体的描述。例如，领取红包的规则为需要符合淘宝天猫用户人群画像，红包发放规则为 ×× 用户的金额为 5 元红包、×× 用户的金额为 10 元红包，等等。

这个阶段常见的两个误区如下。

1）业务规则定义过于复杂，难以列举穷尽。例如，"小于 10 的数"，这种定义方式就无法列举穷尽。具体的表述应该是"0 到 9 的整数"。举例的方式可以帮助我们走出这样的误区。

2）另一个误区，则是完全穷举。有的规则组合非常复杂，很难穷举，这个时候，我们应该看看在操作步骤上是否可以进行再拆分。比如，一个四个变量的规则组合，可以拆分成串联的两个变量的规则组合。

综上所述，我们可以发现，需求的拆分过程是从目标出发，到相应的业务场景，再到具体的用户操作和系统交互，最后落实到交互过程中的业务规则并进行逐层分解。从目标获取需求的范围，操作交互过程获得需求说明，而规则是对需求说明业务规则的提炼，在以上实践中，我们分别获取了基本上下文、用例图、工作流图及业务规则。需求拆解金字塔图示见图 1-18。

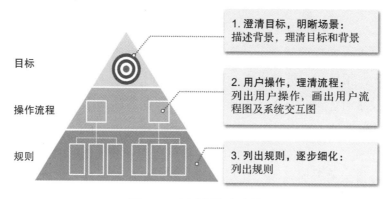

图 1-18　需求拆解金字塔

（4）总结：由外而内，动静结合的需求拆分方法

以上分析过程，是一个由外而内、逐步分解的过程，从用例到用户的操作流程，由上下文到领域模型，是一个逐步打开细节的过程。用户的操作流程代表场景，是一个动态的过程，而领域模型作为可视化的术语表，是一个静态的模型，场景结合模型，可以达到动静结合的效果。

这里还有两点建议，具体如下。

1）信息可视化。字不如表，表不如图。沟通过程中，文字的还原度是很差的。图表的沟通方式具有如下优势。

❑ 可以快速理清内在逻辑，找到不足之处或矛盾之处。

❑ 可以通过少量必需要素传达大量信息。

❑ 可以将复杂关联性可视化。

图表的绘制过程就是一次需求分析过程。

2）分析协作化。所谓一人计短，二人计长，一个人或单一职能的思考难免会存在局限。在软件开发中，需求评审的过程需要多个角色共同参与进来。业务角色可以提供业务目标、业务场景和视觉交互，开发角色可以确认需求的影响范围以及实现的可行性，而测试角色则可以站在用户操作和系统行为的视角提供更多的输入，所以，需求分析拆分是团队协作的过程。

1.3.5　需求进度管理

拆解完需求任务及确认完详细的计划之后，接下来就要进入开发、测试等环节。在前期制定出一个合理的项目计划，只是为项目进度的科学管理提供一个可靠的前提，并不等于项目进度不存在问题。在项目的实施过程中，外部环境和条件的变化往往会造成实际进度与计划进度发生偏差。如果不能及时发现这些偏差并加以纠正，那么项目进度管理目标的实现就一定会受到影响。所以，必须实行项目进度计划控制。

很多公司一般都会用相应的项目管理工具来做项目的全流程管控，因此进度控制是项目管理工具一定要具备的功能。通常情况下，项目组会借助于电子看板来管理需求进度，同时还会配合一些类似于风险管理等之类的功能。下面详细介绍常见的站会机制和看板实践。

1. 站会机制

站会，相信熟悉互联网行业项目运作方式的人都耳熟能详。该词经常出现于敏捷项目管理相关书籍中，描述上虽然各有差异，但是它是项目运作不可或缺的重要一环。

站会最大的意义在于，基于面对面沟通的前提，将项目相关人员聚集到一起，快速、高效地对焦项目的进展和风险。站会对于信息同步、问题暴露及进度的把控都具有非常重要的影响。为了更高效地实现站会的意义，站会的组织形式及开展流程等会采取一些套路。下面就结合笔者项目管理过程中的经验，以每日晨会为例来说明。

（1）明确站会议程

站会主要是评审前一天项目的进展，同步今日的计划。在同步进展的同时，需要重点同步项目是否存在风险等问题，任何可能影响到需求延迟交付的风险均应及时进行同步。PM 一定要及时记录问题点，但不是在会上展开讨论，而是于会后找相关人员进行线下对焦。如果是需要项目组相关人员支持的点，也应该在站会中及时提出以获取支持，以便彼此之间更好地配合。

（2）固定时间

开站会的时间一般是在一天工作的开始时或者结束时。比如，每天的上班时间或者是吃晚饭前的时间，在这两个时间点开站会，效率一般都会比较高。同时固定开站会的时长。站会的持续时间应尽量控制在 15 分钟之内，时间过长容易导致大家分神，同时会议的效率也不高，但核心还是要将该明确的事情明确。

（3）适当鼓励

尤其是在团队整体氛围比较紧张、士气低落的情况下，PM 应借助于站会的场子鼓舞一下士气，同时提升项目组的氛围，让项目组成员在更为轻松的氛围下工作。

2. 看板实践

在敏捷 Scrum 团队中，看板的使用非常频繁，可以说整个团队与看板形影不离。

从价值层面来说，看板主要是保障价值交付、提升可视化及保障过程透明。相信在 Scrum 模型下工作的大多数团队都会有一个典型的 Sprint BACKLOG（迭代待办事项），上面列着 TODO、DOING、DONE，如图 1-19 所示。

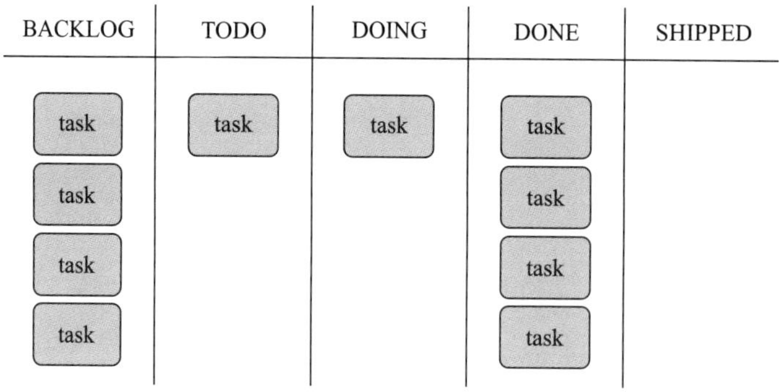

图 1-19　需求看板示意图

BACKLOG 的问题是上面只有任务，任务除了表示谁在做什么之外，是无法提供更多信息的，那就会带来如下几个问题。

1）纯粹的交付任务无法直接体现价值。上文中曾提到过，需求是交付价值的最小单元，而需求又会包含一个或多个开发任务，因此如果在看板中仅体现开发任务是无法明确业务价值的。我们应该多关注需求而不是任务。

2）任务之间的耦合等待，会导致交付效率低下。各个角色应该跳出自己的任务视角，多关注需求，通过需求交付来对齐任务之间的耦合关系，从而有效地减少任务之间的等待时间。这样的改变可以让我们关注真正的价值，即产品需求，而不是任务。但是，需求的交付需要经过从产品设计、开发到测试的完整过程，需求项目真正进行到了哪里、是否有阻塞、上下游应该在哪个时间点对齐等问题依然存在。

　　要想解决问题，首先得看见问题，否则需求交付各阶段的各个职能之间就像是盲人摸象一样，这时候我们需要能够看到需求的全貌。

　　全局看板可以打通各职能之间的协作，用每张卡片代表一个需求，将从"选择"到"发布"的几个阶段串起来，清楚展示需求端到端的交付过程。这就像一幅作战地图一样（如图 1-20 所示），让整个需求交付团队有了一个整体的视角。我们可以看到需求项目进行到了哪里，出现了什么问题，是什么原因导致需求阻塞不前，等等。

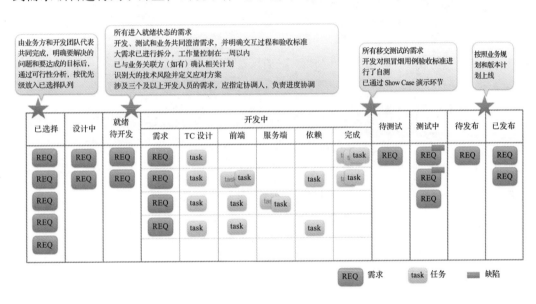

图 1-20　作战地图

解释一下图 1-20 中的看板。

　　1）从"已选择"到"已发布"是一个需求的完整生命周期，从"开发中"到"已发布"属于需求的交付周期。

　　2）已选择：由业务方和开发团队代表共同完成，明确要解决的问题和达到的目标之后，通过需求分析按优先级将需求放入该队列。

　　3）就绪待开发：开发、测试和产品共同澄清需求，并明确定义交互过程和澄清标准。

　　4）待测试：对于所有移交测试的需求，开发人员对照冒烟用例验收标准进行自测并通过 Show Case 演示环节。

5）已发布：按照业务规划和版本计划上线。

接下来，我们用一个实例来说明如何通过看板模板来提升可视化。图 1-21 所示是我司某团队的实物看板。

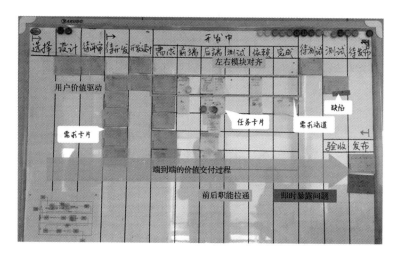

图 1-21　需求管理看板

看板的中的深色卡片代表需求，对应于可交付的用户价值。需求在看板上从左至右流动，经过看板上的每个阶段，直至交付。从最左的"选择"列决定做一个需求开始，直到上线结束。这是一个端到端的过程，拉通了产品、开发、测试、运维等各个环节。

在"开发中"这个阶段，需求被分解成了各项任务，图中浅色便签纸条即代表任务。任务与其所属的需求处于同一行，我们称之为泳道。泳道的首列（深色卡片）是需求，下属任务（浅色便签）按模块不同放在各自的列内，如前端、后端、依赖等。运行过程中，同一需求下属的任务应尽量对齐进度，快速完成需求。所属的任务全部完成后，需求进入待测试阶段，泳道清空，下一个需求就可以进入了。

以端到端的价值流动过程为基础，团队能够即时看到问题，例如，需求是否顺畅流动，在哪里发生了停滞和积压，是否存在瓶颈等。

在这个案例中，我们可以看到，有效的可视化需要做到如下四点。

❑ 用户价值驱动：需求反映用户价值，是流动的主线索。

❑　前后职能拉通：以端到端的需求交付为线索，连接各个职能和环节。

❑　左右模块对齐：保证任务向需求对齐，以快速交付需求。

❑　即时暴露问题。

其中，第四点是前三点的结果，它们共同作用，提升了整体项目交付过程的可视化。看板就像一面镜子，让我们看到需求在流动过程中的状态、问题和瓶颈，从而打造持续快速的交付价值，奠定持续改进的基础。

第 2 章

高 效 开 发

移动互联网自诞生以来就为移动开发注入了敏捷的基因，移动开发者致力于高效、快速迭代的开发模式。手机淘宝发展十余年，从容器到框架，再到上层业务协议，不断进行敏捷迭代：容器化、Bundle 拆分等方式可以将客户端化整为零，让研发更轻量；Weex、小程序等研发方式，使得研发团队只需要编写 DSL 就能完成移动领域的跨端开发，并兼顾原生 App 的极致体验；FaaS 可以提供更轻量级的服务研发模式；服务端与客户端的业务协议约定，可以显著提升基础业务多端研发的效率。手机淘宝作为"航空母舰"级的移动平台，承载了集团内数百项业务。为了支持业务实现快速插拔、触达用户，手机淘宝经历了插件化、组件化的演进。在业务快速迭代的同时，为了快速响应、及时修复线上问题，手机淘宝练就了强大的线上运维能力，并不断迭代出一套热修复技术方案。

为了解决大量双端开发的效率问题，大淘宝技术部发起了移动客户端跨平台开发方案 Weex。与传统的移动客户端研发模式相比，Weex 可以以更少的人力提供更高的动态性以及超出传统 H5 方案的性能与体验。而小程序技术则是手机淘宝开放生态赋能商家的又一利器，目前已在旗舰店、品牌 Zone、商家应用、门店及个人轻店等商业场景中落地，并在商家开发者生态中初具规模。

为提效服务端研发，GAIA 基于组合容器定义容器规范，实现了业务容器轻量化，并结合网格理念确定业务与基础设施新的隔离边界。GAIA 还基于 Function 的版本化重新定义了交付流程，实现研发所见即所得，业务交付效率也因此得到了突破。

在业务领域中，针对阿里系基础交易链路的普遍诉求，实现了基于不同平台的容器化，可以屏蔽平台间的差异，做到了一次开发、全域生效。"新奥创"的诞生解决了基础链路需求开发资源的单点瓶颈问题，同时也可以通过实时性快速迭代业务需求，让业务需求做到想发就发、随时发随时生效，从而帮助业务在风云突变的市场中抢得一丝先机。

2.1　客户端架构

文 / 李龙（查郁）

手机淘宝的更新迭代见证了整个移动互联网的兴起和繁荣。伴随着业务的发展，Android 和 iOS 双端代码日益增多，在受限的环境内，App 的体积也随之不断膨胀。加上研发 App 成本提高和获取流量难度加大，各业务线更愿意在手机淘宝上进行研发。基于当时的"航母"战略背景，我们迫切需要通过一种技术对客户端纷乱的现状进行统一管理、化整为零，实现各自的模块化开发和模块按需更新，以匹配繁杂的业务诉求。

2012 年年底，手机淘宝仅是一个小体量的 App，且线上质量不高。为了达到类似于服务端那样能够及时修复发布的效果，客户端开始研发如何实现快速触达用户的技术能力，这就是后面广为人知的"动态化"。随后经过不断的打磨和演变，在 2013 年推出了手机淘宝插件化框架 Atlas。有了插件化，一个普通的 Android 应用可以低成本地转化为符合 Atlas 规范的插件，使 APK 既可以以插件的方式运行也可以独立安装运行。一个大的 Android 客户端项目可以分割成数个插件，做到代码隔离，从而降低开发、维护和部署的成本，如图 2-1 所示。

与当时业界的插件化方案设计思路类似，Atlas 模拟 Android 的运行环境，让每个插件以独立进程的形式运行在各自的沙箱环境中，并提供低成本接入，使得其他业务应用能够迅速接入手机淘宝环境，以做到随时发版和更新。

插件化的方案有其特有的优势，独立的进程保证了业务的绝对隔离，同时也有利于控制隔离风险。聚划算、天猫、彩票一个个独立的应用开始出现在手机淘宝上。但是随着手机淘宝全面跟进的深入，加上业务包的不断膨胀，一些隐患开始逐渐浮现出来，具体体现在以下几个方面。

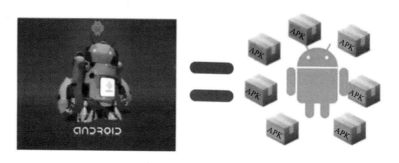

图 2-1　基于原生应用的插件化构想

1）性能。新进程的开辟极大地影响了每个业务的进入速度，同时由于手机淘宝的插件并不是用完即走的场景，比如说，首页→聚划算→详情→店铺→下单，各个环节之间存在着一定的关联，各个插件的进程无法退出。而多进程的机制又极大地占用了内存，会导致手机卡顿引发用户抱怨。

2）复用。插件的独立性限制了许多中间件的复用，AIDL（Android Interface Definition Language，Android 接口定义语言）的方式并不适合中间件能力的输出，独立的 APK（Android application PacKage，Android 应用程序包）在直接进入的同时也携带了大量重复的二方库，这极大地增加了应用的体积。

3）稳定。插件化需要一个模拟的 Android 运行环境，在 Android 的多个版本以及国产 ROM（Read-Only Memory，只读存储器）的兼容中需要做大量的工作，同时，在多插件运行过程中，低端设备很容易遇到进程被回收或者三方应用强杀的情况，如果没有良好的恢复机制，会极大地降低用户的体验。

2.1.1　组件化的诞生与定义 Bundle

为了应对上述挑战，手机淘宝内部发起了大型 App 重构计划，我们需要一个能满足如下条件的框架。

❑ 支持大量丰富业务的接入，同时业务之间能够保持清晰的边界，各自可以继续灵活迭代。

- ❏ 用一批统一的中间件支撑起各种业务的底层功能，以保持中间件代码的全面复用。
- ❏ 能够尽量保持对系统的低侵入，遵循原生运行机制，以降低后期的维护成本。
- ❏ 用户设备应尽量体现一个简单客户端的特性，同时特定的业务功能应按需获取，以保持体积的可控性。

基于组件化的思想，我们定义了业务 Bundle 的概念。可以将 Bundle 简单地理解为一个独立的业务模块，其格式与官方的 module 格式基本相似。每个 Bundle 都可以有自己的依赖库。在工程期，Bundle 会被打包进 App。在运行期，Bundle 会被 Atlas 容器加载运行，实现与其他业务隔离和可独立插拔的效果。

2.1.2　Bundle 间的通信能力

Bundle 间的通信如图 2-2 所示。

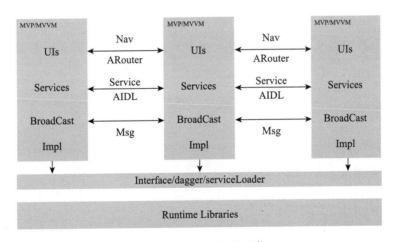

图 2-2　Bundle 间的通信

1）UI 总线。Bundle 间显式启动的 Activity 通常需要直接引用另一个 Bundle 的 Activity 类，因此 Bundle 间的代码严重耦合。通过导航、ARouter、auto-register 等组件可以实现 UI 解耦以及跳转逻辑和系统实现的分离，从而避免 Activity 改名导致的大量修改。

2）消息总线。所有的 message（消息单元）都将通过 Messenger 发送，通过注册事件与反注册事件来完成消息传递，类似于一个轻量的 Eventbus，这样可以避免业务方出现 BroadcastReceiver 不注销而导致内存泄漏等异常情况。

3）服务总线。Bundle 通过 Service 的形式对外提供服务，避免用户使用 AIDL 等底层繁杂实现。Bundle 间只需要通过服务总线 Services.get 即可获取并调用服务，其中，所有 Bundle 提供的 Service AIDL 都会在公共库中进行维护，每个 Bundle 自身将维护 3 个模块，分别是业务逻辑、服务实现和接口。

2.1.3 业务 Bundle

我们推荐业务 Bundle 上层使用 Android Jetpack 组件以及 MVP（Model-View-Presenter）等模式开发自己的代码。官方 Jetpack 组件可以实现业务逻辑与 UI 的深层解耦合，通过数据驱动 UI 来实现逻辑分层。

UI Controller 层包含 Activity 和 Fragment。ViewModel 层既可以做 MVVM（Model-View-ViewModel）中的 VM、MVP 中的 P，也可以做 UI 中的数据适配层，可以实现数据驱动 UI。Repository 层作为 SSOC（唯一真相源），是一个外观（Facade）模式，对上层屏蔽了数据的来源，数据可以来自本地，也可以来自远程，数据持久化策略向上透明。

2.1.4 其他方式

当然，开发者也可以通过官方 serviceLoader、serviceHub 等形式，来统一管理自己的 Service 实现以及接口对应关系，这些都是我们推荐的做法。

我们不建议业务 Bundle 有直接的资源依赖。如果是 2 个或者更多的 Bundle 依赖同一个资源，或者依赖同一个基础依赖库，那么更好的做法是将该资源下沉到 base.apk 中，业务 Bundle 将通过 compileOnly 的形式来依赖该资源，最终这个资源也会被仲裁到 base.apk 中。

最终我们的实现如图 2-3 所示。

2.1.5 编译实现

我们为每个业务 Bundle 定义了一种新的格式 AWB，AWB 的格式具体如下。

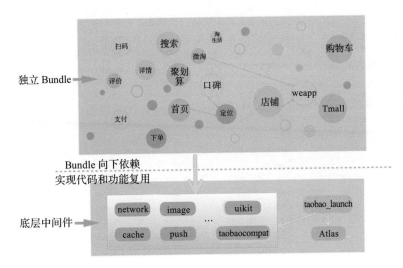

图 2-3 业务 Bundle 实现原理图

```
/AndroidManifest.xml (mandatory)
/classes.jar (mandatory)
/res/ (mandatory)
/R.txt (mandatory)
/assets/ (optional)
/jni/<abi>/*.so (optional)
/proguard.txt (optional)
/lint.jar (optional)
```

AWB 与 AAR 一致（不添加本地 lib），构建的时候也要做依赖仲裁区分，下面是普通工程下定义的依赖形式。

```
dependencies {
    implementation fileTree(dir: 'libs', include: ['*.jar'])
    implementation project(':middlewarelibrary')
    implementation project(':splashscreen')
    implementation project(':databindinglibrary')
    api project(':firstbundle')
    api project(':secondbundle')
    api project(':remotebundle')
    api project(':publicbundle')
    api project(':databindbundle')
    //noinspection GradleCompatible
    implementation 'com.Android.support:appcompat-v7:28.0.0'
    implementation 'com.Android.support:design:28.0.0'
    implementation 'com.Android.support:support-vector-drawable:28.0.0'
    implementation 'com.Android.support:support-v4:28.0.0'
    api "com.google.Android.play:core:1.5.0"
```

```
    implementation 'com.alibaba:fastjson:1.1.45.Android@jar'
    implementation 'com.Android.support.constraint:constraint-layout:1.0.2'
    implementation 'com.Android.support:recyclerview-v7:28.0.0'
    implementation "org.jetbrains.kotlin:kotlin-stdlib-jdk7:$kotlin_version"
}
```

经过我们仲裁后，依赖的形式具体如下。

```
[dependencyTreerelease] {
        "awbs":{
                "com.atlas.demo:remotebundle:1.0.0@awb":[],
                "com.atlas.demo:databindbundle:1.0.0@awb":[],
                "com.atlas.demo:firstbundle:1.0.2@awb":[],
                "com.atlas.demo:publicbundle:1.0.0@awb":[],
                "com.atlas.demo:secondbundle:1.0.0@awb":[
                        "com.atlas.demo:secondbundlelibrary:1.0.0@aar"
                ]
        },
        "mainDex":[
                "Androidx.databinding:databinding-common:3.4.2@jar",
                "com.atlas.demo:middlewarelibrary:1.0.0@aar",
                "Androidx.versionedparcelable:versionedparcelable:1.0.0@aar",
                "Androidx.core:core:1.0.0@aar",
                "Androidx.cursoradapter:cursoradapter:1.0.0@aar",
                "Androidx.documentfile:documentfile:1.0.0@aar",
                "Androidx.lifecycle:lifecycle-viewmodel:2.0.0@aar",
                "Androidx.arch.core:core-runtime:2.0.0@aar",
                "Androidx.lifecycle:lifecycle-livedata-core:2.0.0@aar",
                "Androidx.lifecycle:lifecycle-livedata:2.0.0@aar",
                "Androidx.loader:loader:1.0.0@aar",
                "Androidx.localbroadcastmanager:localbroadcastmanager:1.0.0@aar",
                "Androidx.print:print:1.0.0@aar",
                "Androidx.legacy:legacy-support-core-utils:1.0.0@aar",
                "Androidx.interpolator:interpolator:1.0.0@aar",
                "Androidx.asynclayoutinflater:asynclayoutinflater:1.0.0@aar",
                "Androidx.swiperefreshlayout:swiperefreshlayout:1.0.0@aar",
                "Androidx.customview:customview:1.0.0@aar",
                "Androidx.coordinatorlayout:coordinatorlayout:1.0.0@aar",
                "Androidx.drawerlayout:drawerlayout:1.0.0@aar",
                "Androidx.viewpager:viewpager:1.0.0@aar",
                "Androidx.slidingpanelayout:slidingpanelayout:1.0.0@aar",
                "Androidx.legacy:legacy-support-core-ui:1.0.0@aar",
                "Androidx.recyclerview:recyclerview:1.0.0@aar",
                "Androidx.media:media:1.0.0@aar",
                "Androidx.fragment:fragment:1.0.0@aar",
                "Androidx.legacy:legacy-support-v4:1.0.0@aar",
                "Androidx.vectordrawable:vectordrawable:1.0.0@aar",
                "Androidx.vectordrawable:vectordrawable-animated:1.0.0@aar",
                "Androidx.appcompat:appcompat:1.0.0@aar",
                "Androidx.transition:transition:1.0.0@aar",
                "Androidx.cardview:cardview:1.0.0@aar",
```

```
            "com.google.Android.material:material:1.0.0@aar",
            "Androidx.databinding:databinding-runtime:3.4.2@aar",
            "Androidx.annotation:annotation:1.0.0@jar",
            "Androidx.lifecycle:lifecycle-common:2.0.0@jar",
            "Androidx.arch.core:core-common:2.0.0@jar",
            "Androidx.lifecycle:lifecycle-runtime:2.0.0@aar",
            "Androidx.collection:collection:1.0.0@jar",
            "com.atlas.demo:databindinglibrary:1.0.0@aar",
            "org.jetbrains.kotlin:kotlin-stdlib-jdk7:1.3.50@jar",
            "org.jetbrains:annotations:13.0@jar",
            "org.jetbrains.kotlin:kotlin-stdlib-common:1.3.50@jar",
            "org.jetbrains.kotlin:kotlin-stdlib:1.3.50@jar",
            "Androidx.constraintlayout:constraintlayout:1.1.3@aar",
            "Androidx.constraintlayout:constraintlayout-solver:1.1.3@jar",
            "com.google.Android.play:core:1.5.0@aar",
            "com.atlas.demo:splashscreen:1.0.1@aar",
            "com.atlas.demo:lottie:1.0.0@aar",
            "Androidx.databinding:databinding-adapters:3.4.2@aar",
            "com.alibaba:fastjson:1.1.45.Android@jar"
        ]
    }
```

我们在编译期间会平铺所有的依赖，而且可以看到哪些依赖会被最终仲裁到哪
个 Bundle 中去。

如图 2-4 所示，APK 的编译过程具体如下。

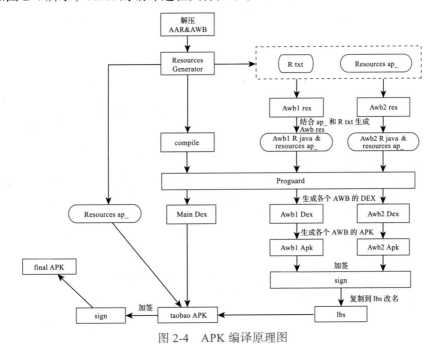

图 2-4 APK 编译原理图

1）Bundle 的 res 会以宿主 resource.apk 为依赖进行 Bundle 的资源构建。

2）Bundle 的 R 文件是由 Bundle 的 R 资源 + 宿主的 R 资源合并而来的。

3）修改 AAPT（Android Asset Packaging Tool，安卓资产打包工具），每个 AWB 都将会有不同的 packageId。

4）Proguard 会对混淆进行统一优化，优化的同时产出多个产物（output）。

2.1.6 基于组件化实现业务运行期插拔能力

在运行期，Atlas 容器会加载所有的业务 Bundle，以实现各个 Bundle 的运行隔离。这样做有如下两个好处。

1）主 dex 得到控制。Bundle 化的编译和架构设计，可以大幅减少主 APK 的代码和资源，从而大大节省用户的安装时间。这一特性在 Android4.x 占主流的时期是极为重要的，因为控制 dex 数是当时行业 App 面临的极大挑战。

2）异步按需加载。Lib 的解压以及校验载入等过程，特别是 Service 等后台 Component 触发组件安装和前台 Activity 引发组件安装并行时，会对 UI 的渲染与操作流畅度产生较大的影响。为了降低组件安装对 UI 渲染的影响，每个组件的安装都统一在一个异步安装线程中进行。Activity、Service、Receiver 等的发起都进行了异步处理。

整体容器的设计如图 2-5 所示。

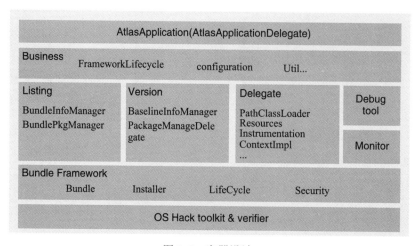

图 2-5　容器设计

最底层的 toolkit & verifier 全面枚举了上层需要反射使用的注入和代理的 API，并在应用启动时首先进行全局性的校验，以避免在程序运行过程中遇到不兼容的情况。

上层的 Bundle Framework 负责组件的安装更新操作，以及管理所有组件的生命周期。其中组件的边界隔离遵循 OSGi（Open Service Gateway initiative，开放服务网关协议）规范，每个组件分配独立的类加载器，同时组件也有各自的资源，每个资源在构建期间由 AAPT（Android 资产打包工具）分配独立的包 ID。

为了能够监控到 Android 各个 Bundle 中组件的启动运行情况，以便在组件启动的合适时机完成 Bundle 的安装操作，我们引入了 Runtime 层。

1. Runtime 层

Runtime 层主要包括版本管理、清单管理以及系统代理三大部分。

1）版本管理（Version）。每个组件在构建期间将由构建插件分配自己的版本号，同时在安装期间也会有各自的版本目录，每个 Bundle 的启动和加载都需要经过版本的校验，组件在发生更新的同时也将下发最新的版本信息。借助版本管理机制，组件的热更新能力将"水到渠成"。

2）清单管理（Listing）。OSGi 规范中，各个组件通常会通过 OSGI.MF 来暴露自身的导出接口，这一点与 Atlas 容器有所不同。在 Android 设备上，多文件的形式很容易受 IO 异常的影响，从而干扰 Bundle 的正常运行，所以我们采用了在构建期间集中生成清单的方式，清单中记录了 Bundle 所有的组件（Android 四大组件）、依赖、包名等。

3）系统代理（Delegate）。各个系统关键点的注入使得 Bundle 可以做到按需加载，从而避免了像原生 MultiDex 方案由于首次启动时多 dex 同步安装而造成 UI 卡顿的情况。代理层的核心 DelegateClassLoader 主要负责类的查找和路由，DelegateResource 负责管理所有 Bundle 的资源，它们在容器启动时进行注入，并在运行过程中随着 Bundle 的不断载入而进行更新。

2. 接入层

简单即美，把复杂留给自己。

为了实现便捷的效果，Atlas 容器由自身独立的应用启动入口，同时在构建期间会由插件替换应用原有的程序。运行期间，应用首先由 AtlasBridgeApplication 负责启动，并在容器启动完毕后将真正的程序代码全权代理给应用。同时，对于需要自定义和由外部决策的功能，容器将开放接口，由接入方进行简单设置。

基于 OSGi 的设计思想，每个业务 Bundle 在运行时都有自己独立的生命周期，如图 2-6 所示。

图 2-6　Bundle 生命周期

如图 2-7 所示，我们的研发效率得到了大幅度的提高。

❑ 移动平台 400 多名工程师可以进行高效的协同开发。

❑ 部门外 20 多个 BU（业务单元）参与贡献代码。

❑ 平均每两周发布 1 个版本。

❑ 业务可以做到有问题随时发布。

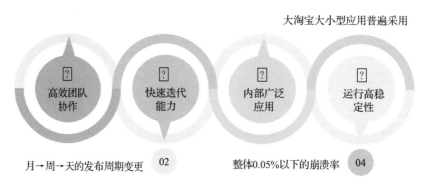

图 2-7　取得的效果

2.1.7 App Bundle

Atlas 通过模拟 Android 操作系统，实现了上层对业务 Bundle 的独立安装和运行，保证了业务迅速扩张场景下快速迭代的需求，为业务提供了独立开发、独立部署的能力。Atlas 在解决系统各种限制的同时，也对系统使用了较深层次的 hack 技术，但随着 Android 系统的加速升级，以及 Google 在私有 API 上的限制，我们需要顺应趋势寻求一套更高效、零 hook，同时满足组件化能力以及高效运维的结构体系。

当国内开发者正在焦头烂额地适配自己的组件化框架时，Google 于 2018 年推出了 Android App Bundle（AAB）。简单来说，AAB 是 Google 最新推出的 APK 动态打包、动态组件化的技术。与 Instant App 不同的是，AAB 是借助 Split APK 来完成动态加载的，使用 AAB 动态下发方式，可以大幅度减少应用的体积。根据官方提供的例子，我们可以发现，App Bundle 提供了一种在海外实现组件化能力的工程期以及运行期技术。

我们可以从 App Bundle 中获得如下几项新思路。

❑ 可以将功能作为独立的动态功能模块来设计、构建和测试，从而加快开发的速度。

❑ 模块化应用将加快构建时间，单一集成式的应用构建速度则会较慢。

❑ 可以在安装时根据设备支持的功能（例如 AR/VR 功能）、用户所在国家 / 地区或设备的 SDK 版本等属性提供可选功能。

❑ 可以在需要时，而不是在初次安装时，按需安装功能，或者卸载不再需要的功能。可以将此功能视为交付新功能的最佳方式，而且可以从长期规划的角度来避免增加应用的体积。

App Bundle 也不是尽善尽美的，主要缺点如下。

1）App Bundle 虽然是官方推荐的新组件化方式，但是通过官方的例子我们不难发现，所有的业务模块都是在同一个项目下开发的。对于小型 App 来说可以这样做，但是对于手机淘宝这样集几十甚至上百个业务于一身的"航母"级 App 来说就不现实了，这等同于失去了并行开发的优势，又回到了过去。

2）App Bundle 方案只能通过 Google Play 进行发布，因此目前还不能满足国内的应用。

3）所有的资源都要基于最新的编译工具链来进行编译，这会导致在运行期出现各种资源问题，例如，不能用自己的包名去引用基础 APK 中的资源。对于手机淘宝这种大型 App，资源量成百上千，很难完全统一编译方式，历史包袱迫使我们要不断地向前做兼容。

通过深入分析 App Bundle 的编译流程，我们理出了其核心编译链路，如图 2-8 所示。

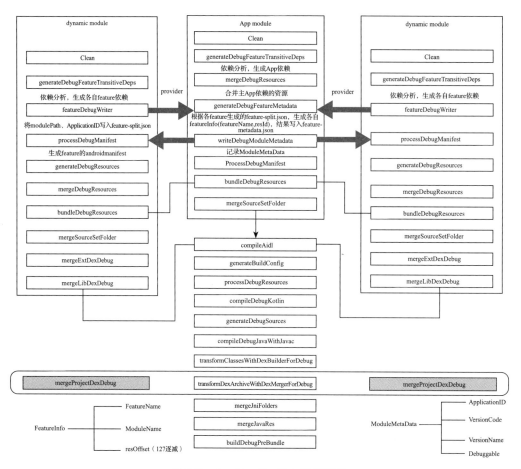

图 2-8　App Bundle 核心编译链路

通过对核心链路的编译链进行深入研究，我们研发出了一套适合自己的 App Bundle 构建体系，其主要包含如下几个优点。

1）可以基于外部依赖的形式来构建 App Bundle，这对于国内 IDE 来说是非常有效的。随着 App 资源日益增多，大家更倾向于将资源通过仓库或者外部依赖的形式进行管理，而不是将不同的业务模块放在同一工程下进行开发，否则会导致相互阻塞、发版延期的问题，从而极大地影响发版效率。

2）可以同时构建 App Bundle 包以及国内应用市场的 APK 包，一次构建，各个渠道都能使用，从而解决了不同构建体系下编译代码不一致的问题。

我们的目标是构建出一套组件化方案，可以同时满足海内外的开发需求，如图 2-9 所示。

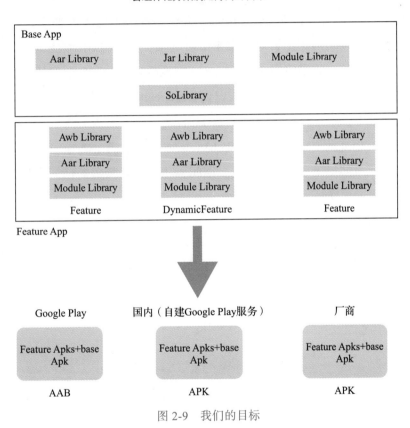

图 2-9　我们的目标

2.2　跨平台框架和小程序

2.2.1　Weex

文 / 申远（玉冈）

Apache Weex 源于大淘宝技术部发起的移动客户端跨平台开发方案，目前已得到业界认可。在 Apache Weex 诞生之前，基于移动客户端的商业模式竞争日趋激烈，业界对于更低的交付成本、更短的交付时间、更强的动态性、更敏捷的业务形态有着越来越强的诉求。彼时，Android 与 iOS 操作系统都已成熟，移动互联网也已沉浸在 4G 时代，系统和环境的成熟为 Apache Weex 的诞生提供了契机。

1. 源起

2015 年，Facebook 开源 React Native，给业界带来了巨大的冲击，这类跨平台技术的产品化为移动端的跨平台研发带来了新气象。React Native 技术栈是对当时体系的一种颠覆，但是，如果使用 React Native 则意味着要放弃前端领域的积累，再加上早期版本存在很多 Bug，我们逐渐认识到 React Native 并不完美。

求人不如求己。适逢淘宝天猫推出双 11 活动，业务团队对双 11 主会场的性能、动态性都提出了极高的要求，传统的 WebView 方案很难满足其性能要求。在这个契机下，大淘宝技术部提出了 Weex 方案。期间，相关团队紧密配合，从开发到上线仅用了数周（Weeks）时间，故得名 Weex。

2. 全面发力

2015 年，天猫双 11 活动的成功证明了 Weex 的可行性，在之后几年的时间里，大淘宝技术部开始在 Weex 上全面发力，并逐步构建了如图 2-10 所示的 Weex 技术架构。

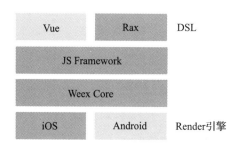

图 2-10　Weex 技术架构

在前端 DSL 层，Weex 同时支持 Rax 与 Vue 两种写法，以适应不同的前端技术栈。此外，Weex 还提供了 DSL 扩展机制，使得 Weex 可以与特定的前端 DSL 解耦。在 JS Framework 层，各种 DSL 都将被转化为同样的 JavaScript 语句，并被 JS 引擎执行，此时，DSL 层的差异已被抹平。

Weex Core 层使用 C++ 语言编写，提供了 Android、iOS 两端的通用能力，如 Layout、Timer、JS & C++ Binding 等。Render 层运行在 Android 或 iOS 平台上，提供了渲染、事件、网络请求等依赖平台的能力。

目前，Weex 除了支持历年的大促活动（618、双 11、双 12 等）之外，在日常业务中也得到了大规模的使用，并得到了业界许多 App（如图 2-11 所列举的 App，该图来自 Apache Weex 官网，由外部开发者贡献）的认可，成为一种新的移动应用研发模式。

图 2-11　接入 Weex 的 App

与传统的移动客户端研发模式相比，Weex 可以通过更少的人力投入（只投入前端工程师而不是 iOS 和 Android 工程师），提供更高的动态性，以及超出传统 WebView 跨平台方案的性能与体验。Weex 的优势如图 2-12 所示。

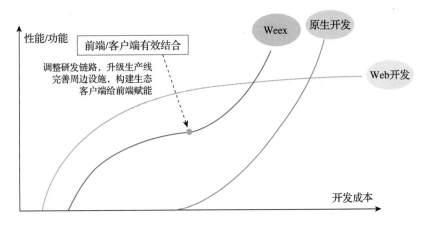

图 2-12　Weex 的优势

3. 开源

Weex 在 2016 年年中正式开源，并于年底捐赠给 Apache 软件基金会，进入 Apache 孵化器，正式更名为 Apache Weex。

将源代码以某种许可协议的形式进行公开只是开源的第一步。一个好的开源项目需要通过有效的运作来促成其更多的发展，如提高项目知名度、与项目贡献者进行有效的沟通、高效管理社区、成为技术贡献专家（Committer）、带来更多技术影响等。Apache 在这些方面有着丰富的理论与实践经验，Apache Weex 依据这些理论与实践经验（例如，学习并拥抱 Apache 技术，了解现有的方法论与实际经验），构建了自己的开源方法论，即 Weex Way。Apache Weex 遵循 All-Know-All 的原则，将重要的议题引导到邮件列表上进行讨论。在 GitHub 上及时响应 Apache Weex 开发者的诉求，并将这些开发者从使用者引导为贡献者，再转化为 Committer。迄今为止，Apache Weex 在捐献前后合计收获 3 万余个 Star，具备了一定的影响力。

4. 未来

Apache Weex 的未来是什么？如何应对 Flutter 等方案的挑战？传统的 WebView Hybrid 在这几年间又有什么进展？表 2-1 对热门移动端跨平台框架进行了对比。

表 2-1　热门移动端跨平台框架对比

平　台	技术点	来　源	简　述	诉　求
Web	同层渲染	Weex/Native	在浏览器中嵌入原生平台的 View	提升渲染性
Weex	JS/DOM/CSS	Web	使用前端的开发体验来开发应用	兼容 Web 生态（提高开发效率）
	Heron	Flutter	不使用系统原生的 View，自己绘制页面	跨平台一致性
Flutter	PlatformView	Native	在 Flutter 中嵌入原生平台的 View	兼容原生开发的生态（组件复用）
	Hummingbird	Web	将 Flutter 项目编译到浏览器中运行	支持 Web 端

实际上，很多技术都是在相互借鉴，取长补短。未来 Apache Weex 将会紧跟业界步伐，并选择适合自身诉求的技术路线。

2.2.2 小程序

文 / 李人龙（骊仁）

1. 背景

历史上，除了基于引流分佣的淘客模式之外，以店铺装修、主交易链路能力开放为主的 B 端业务开发能力也是手机淘宝上非常成熟的开发方式。2018 年至 2019 年期间，手机淘宝开放生态发生了很多变化。平台赋能商家，让其具备更多的消费者触达能力，以店铺、品牌 Zone 为入口，具备更多的定制能力和灵活度，其中旗舰店 2.0 项目，让商家从对"货"的运营开始转向对"人"的运营。

从持续赋能商家、激发创新活力、降低平台创新门槛、形成商业闭环新生态上看，小程序形态是淘宝天猫开放的合适载体。首先，小程序面向应用级别的形态，可以为商家提供更丰富的空间和创造力；其次，小程序具备安全可控的特点，可以通过技术方案实现与宿主淘宝天猫隔离的运行环境；另外，小程序具备平台一致性、开发简单易用的特点，适合用于构建商业开放生态。

大淘宝技术部从 2018 年年初即开始探索小程序技术，目前已在店铺、品牌 Zone、商家应用、轻店铺、轻应用等商业场景上落地，并在商家开发者生态上初具规模。

2. 整体方案

淘宝小程序的技术架构，核心是逻辑和渲染的分离，其将 WebView 作为渲染容器，JSC/V8 作为逻辑执行容器，同时，在运行时还增加了多页面的概念。除此之外，淘宝小程序面向 App 级的框架设计，可以提供初始化、装载、渲染、隔离等能力。前端可以支持多种 DSL，渲染层可以对接 WindVane（淘宝的 WebView 容器）、Weex 等，逻辑层支持插拔不同的 JavaScript 引擎。淘宝小程序既可以提供一套完整的小程序标准开发模式，也可以供引用方二次接入和开发，形成自己的小程序框架标准。由于商业形态的诉求，PC 端小程序在创建之初也被一并纳入考虑和设计中。小程序整体技术方案如图 2-13 所示。

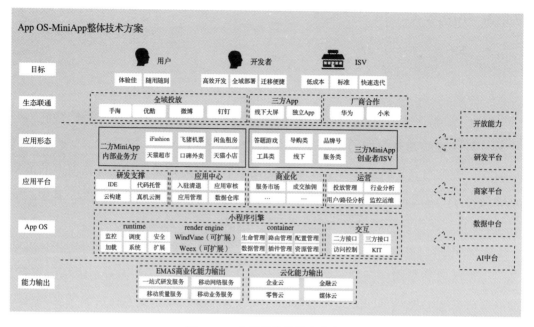

图 2-13　小程序整体技术方案

　　在小程序整体技术方案中，业务容器层负责从小程序应用的角度提供应用管理、资源管理等基础能力，并通过应用平台提供完善的二、三方应用研发服务，以支持业务应用研发。其中，平台包括云端开发、构建、测试、发布一体化的研发支撑体系，同时还包括开发入驻、应用审核、应用管理及数据分析全流程覆盖的应用市场，并基于数据中台、AI 中台和商家平台能力提供的商业化运营能力等，为二、三方技术及业务方一站式解决研发、上线、运营、运维全生命周期的所有问题。在前端应用形态上，我们设计了内外有别的两套 DSL，对内方便集团原有业务的迁移，对外可提供一致的开发体验与管控能力，最终目标是推进内外应用研发模式一体化，将业务的研发及部署方式统一到淘宝小程序上。

3. Runtime 层

　　淘宝小程序框架的 Runtime 层与业界方案有所不同。App 的 Context 运行在一个独立的 JavaScript 执行环境中，iOS 和 Android 均使用 JSC（JavaScriptCore）引擎，通过 Native 层的执行环境、JavaScript-Native 桥接层和 App Context 与 Page Context 通信层来构建一个完整的小程序运行时环境，实现了 App 和 page 之间执行环境的物理隔离，如图 2-14 所示。

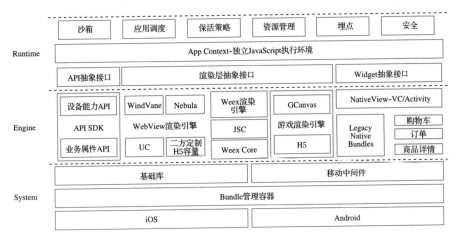

图 2-14　小程序 Runtime 层技术架构

Page Context 通过渲染层接口抽象实现了渲染容器的可替换功能，目前，对二方提供的是 Weex 渲染容器（Rax/Vue/AppX DSL），对三方提供的是 WebView 渲染容器（手机淘宝使用 WindVane），同时支持框架接入方根据渲染层抽象接口对接自己的WebView 容器实现。这种设计将小游戏的游戏渲染引擎作为渲染容器对接至淘宝小程序，从而基本实现了与小游戏框架的融合。

4. API

API 是 Runtime 层的核心工作之一，API 定义通过配置注入 JS 执行环境，实现了通过 Native 的 bridge 层注入，从安全性及一致性的角度来考虑，API 只能在 app.js中被调用，页面的 API 请求只能通过发送消息到 app.js 的方式在 App Context 中进行处理。

在淘宝天猫过去经历的多容器演进的过程中，API 作为 Native 的基础能力，借由小程序项目更大范围的标准化容器背景实现了 API 的标准化，从而完成了 API 基础能力的建设。

5. Container 层

业务容器层（Container 层）负责在应用维度管理小程序，提供应用加载 / 应用包管理，用户登录管理，用户 / API 权限管理，应用生命周期管理，质量保障等基础能力；宿主环境需要提供相应的适配支持，提供包括 UI 及导航栈的定制与适配、业务能力（分享组件等）适配、基础能力（图片库、网络库、埋点等）适配及初始化管理。

同时，为了方便框架的整体输出，业务容器层对包管理、权限、埋点、UI 适配、基础能力等一系列可定制化能力都做了接口抽象，从而形成了手机淘宝环境的实现模块。

导航栈的设计与业界小程序方案不同。小程序方案通常只支持打开后所有跳转均在小程序内部导航栈中流转，不支持外跳，只有关闭小程序后才可以跳出小程序内部导航栈。但是为了满足手机淘宝大闭环业务的需求，小程序框架需要实现全链路打通，页面可自由跳出小程序框架至 Native 或 H5 页并跳回，该需求对导航栈管理及返回行为定义提出了更高的要求。Container 实现了一整套新的导航栈管理策略，克服了 Android 基于 Activity 的 Task 导航栈的系统限制，实现了可配置的多种回退策略，从而解决了小程序在手机淘宝业务下的应用痛点。小程序 Container 层的技术架构如图 2-15 所示。

6. 前端应用层

从前端应用的角度来看，小程序开发和传统页面开发最大的不同就是逻辑和渲染的分离，页面只能通过声明式写法来创建，无法通过 JS 代码动态注入生成 UI，从而保障了安全性。

小程序的执行环境可分为 App 层和 Page 层，两者分别运行在两个不同的物理 JavaScript Context 中，是完全隔离的，两者只能通过 Runtime 提供的数据通道 postMessage 和 onMessage 进行通信。小程序前端应用层技术架构如图 2-16 所示。

借鉴 Weex 适配多 DSL 的经验，淘宝小程序的 DSL 与容器之间也实现了解耦，达到了可替换、可插拔的效果。不同的 DSL 具有不同的技术特点，起初，小程序业务使用 Weex 进行渲染，DSL 则使用 Vue 和 Rax，这样做更多的是考虑到存量 Weex 业务的迁移成本。随着 DSL 和容器的解耦，支付宝和手机淘宝小程序实现了融合及技术栈统一。目前，支付宝和淘宝小程序的前端写法完全一致，具备互相投放的能力。

图 2-15 小程序 Container 层技术架构

7. 未来

目前，小程序标准及整个研发中台，在阿里巴巴集团内全部实现统一，包括电商场景、金融场景、国际化场景，并延展到垂直行业领域，如美妆、试鞋、家装等业务形态上，初步实现了小程序技术栈的落地。未来随着商业的发展和生态的开放，大淘宝技术部将继续打磨小程序技术。

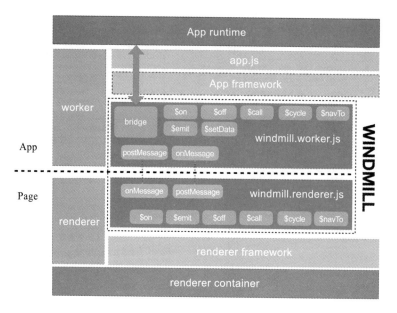

图 2-16　小程序前端应用层技术架构

2.3　GAIA（盖亚）——面向 Function 的新一代业务交付平台

文 / 孙棋（空蒙）

作为程序员，我们可能经常会面临如下的对话场景。

产品经理："这个需求非常紧急，只需要改动一点点，加个字段透出来，必须在 ** 前上线。"

研发人员可能会给出如下几种回答。

❏ "这个字段不在我的这个应用服务里面，我需要再添加服务依赖。"

❏ "我正在升级一个三方依赖包 / 中间件，这个发布还要一段时间，等这个发布完并稳定一段时间后再说。"

❏ "这个修改，需要拉分支修改，然后还要编译、打包、部署，再测试验证，研发交付过程最快也要 1 个小时。"

❏ ……

这里面存在 3 个问题。一是"应用"承载了太多的业务服务，随着业务的发展，应用越来越臃肿，业务之间相互耦合影响。二是"应用"与基础设施依赖紧密耦合，"应用"负重前行。三是"应用"的编译打包与部署的耗时都是分钟级的，业务交付成本高。

2.3.1 分析思考

为了解决业务耦合和扩展性问题，我们提供了微服务。微服务由应用来承载，多个服务 / 同领域服务处于同一个应用里面，应用切分粒度与灵活性一直是一个挑战，典型的方案是对服务进行再分组，或者直接对应用进行物理拆分。

应用包含了大量的强依赖，如三方依赖 / 中间件，为解决微服务部署问题，我们提供了容器化部署方案。但基于容器的部署解决方案的问题在于其中存在大量非业务组件（如 Metric、LogAgent 等），与业务缺乏隔离性。

面对富容器 + 富应用的现状，是否有一种新的机制可以实现业务之间以及业务与基础设施之间的隔离解耦呢？可以发现，云计算以及 IaaS、PaaS、CaaS 等理念得到普及后，硬件网络等基础设施下沉到了通用平台，业务落地技术门槛也在不断降低。由图 2-17 可见，从 IaaS 到 PaaS，业务需要关注的内容在不断减少，但"应用"仍是一个非常庞大的载体，如何让业务更专注于业务逻辑自身，FaaS 将是最优选项。

在微服务和容器化的背景下，为解决业务与服务化基础设施能力的耦合问题，Service Mesh 的应用架构应运而生，而 FaaS 与 Mesh 的结合，很好地解决了业务与基础设施的耦合问题。

业务交付过程是不断进行代码提交、编译、打包和部署的过程，研发人员需要清晰地知道这些过程，并机械地重复整个过程，那么能否实现代码修改即交付，让代码提交、编译、打包、部署乃至自动化验证对开发交付过程透明呢？

2.3.2 我们的答案

打造轻量级 Function 容器，基础设施下沉隔离解耦，所见即所得、Function 版本化交付运行，是实现这一目的方案。

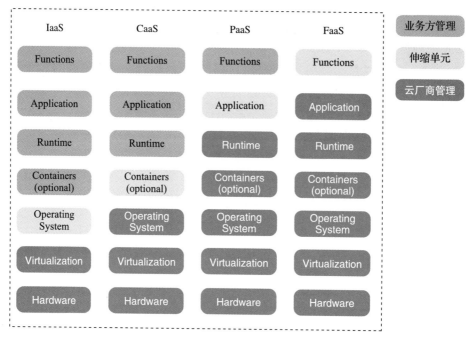

图 2-17   IaaS、CaaS、PaaS、FaaS 架构

图 2-18 所示的是一张典型的分层图。技术的不断标准化，降低了开发的复杂度，提高了业务研发的运营效率，是技术演进的核心价值体现。当下云原生概念日渐火热，Kubernetes、Service Mesh 等技术不断地将业务依赖的基础设施下沉隔离，技术理念的认知也得到了更新，这些都为 FaaS 技术提供了新的机遇。GAIA 正是基于这样的背景而产生的。我们需要完成两件事情，即定义面向 Function 的容器规范，定义面向 Function 的研发过程。

图 2-18   典型分层图

2.3.3　GAIA 容器架构

与传统的应用相比，Function 提供了不同粒度的业务切分维度，原来大量的业务逻辑都沉淀在一个应用里面，带来了业务的耦合问题。而 Function 粒度则天然规避了应用维度带来的耦合问题。

Function 粒度可以很容易地解决原来基于应用维度业务耦合的问题，但是如何才能与基础设施进一步解耦呢？下面我们通过当前的一些具体问题来讲解。

1. 富容器化

- ❑ 容器内存在多个进程，应用服务 Java/Node.js/⋯、Nginx、LogAgent、SunFire 等都是一个个进程。
- ❑ 进程资源存在竞争，而且资源之间缺乏隔离，由此发生过很多非应用服务进程大量消耗 CPU、内存，甚至影响整个业务服务可靠性的案例。
- ❑ 多个进程缺乏统一的生命周期管控。比如，一个应用有 Nginx+Java 两个进程，Nginx 进程退出了，但 Java 进程还在，对此应用而言，这个容器已经终止了服务。
- ❑ 对于设计模式而言，容器的职责应单一，但当前一个容器往往承载了太多的职责。
- ❑ 各种能力都聚集在同一容器内，数据链路及关系复杂、不清晰。

2. 富应用化

- ❑ 中间件与领域服务侵入应用，大量的依赖升级需求需要研发人员的介入。
- ❑ 大量业务耦合在同一个应用里面，业务隔离性和稳定性问题比较突出。

单容器面对上述这些问题时已经是力不从心，仅靠 Docker、RKT 等容器是无法解决的，而多个容器的联合又会涉及跨容器的大量通信协作与资源的编排调度等问题。此时，Linux 提供的 Namespace 和 Cgroup 能力就充分发挥了其灵活组合的威力，将 Namespace 和 Cgroup 与多个进程结合起来，即同一个 Namespace 多个进程共享主机名、PID、文件系统、网络接口，可以实现逻辑上一个节点多个容器的架构，而不同的容器之间又具备隔离性。基于容器的分布式系统设计模式中，包括 Sidecar、Adapter、Ambassador 三种，可分别用于处理不同的应用场景。图 2-19 所示的是基于容器的分布式系统设计模式。

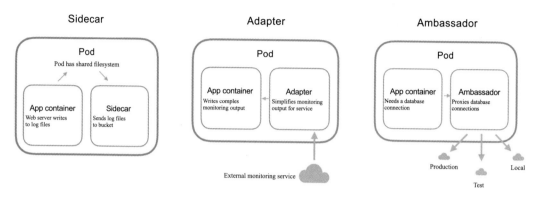

图 2-19　基于容器的分布式系统设计模式

对应于前面提到的问题，基于 Kubernetes 的 Pod 能力，我们接下来看一下 GAIA 的容器架构实现，如图 2-20 所示。

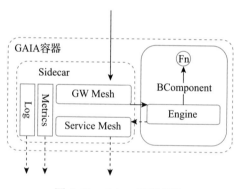

图 2-20　GAIA 容器架构

每个容器的职责都是单一的，一个容器只解决一件事情，应用的容器专门处理应用逻辑，运维监控的容器专门处理运维监控业务。GAIA 容器天然具备隔离性，不同容器之间互相隔离，不同容器间可以细粒度控制 CPU、内存、IO 等资源。

进程统一基于容器级别的生命周期的探测和管理。基于 Pod 多容器的能力，基础服务这些中间件都可以下沉隔离，即 Service Mesh 的核心理念，服务注册发现、限流、熔断、超时等基础能力都可以实现业务解耦。

GAIA 对比基于 JVM 的 FaaS 容器，其核心差异是业务与基础设施实现了容器化的解耦、容器化的隔离性与编排能力。

图 2-21 所示的是 GAIA 与传统应用架构的对比图示。

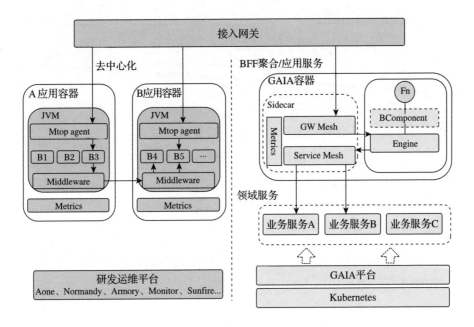

图 2-21　　GAIA 与传统应用架构对比图

对比总结，GAIA 基于 Kubernetes Pod 多容器化的应用架构升级，实现了业务逻辑与依赖的基础设施的完全解耦。GAIA 与普通应用的核心差异具体如下。

❑ 业务细粒度隔离性。

❑ 促进领域服务与应用服务分层。

❑ 请求链路不同，GAIA 为 Sidecar。

❑ 研发方式。GAIA 专注 Function/ 业务容器。

差异的本质具体体现在容器的单一职责、容器化资源隔离、容器化分层以及容器化统一生命周期管理，这些都是设计模式的基本原则的体现。

2.3.4　GAIA 研发流程

Function 版本化可以实现快速交付、所见即所得，业务研发落地的具体过程如图 2-22 所示。

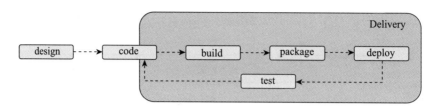

图 2-22　业务研发落地过程

业务研发落地过程可划分为 3 个阶段，即设计（design，含业务需求分析、技术方案选型、架构设计、详细设计、领域建模等）、实现（code）、交付（delivery）。设计和实现阶段与业务的复杂性紧密关联，交付阶段所经历的过程基本上是确定的，都会经历代码提交、编译、打包、部署、测试几个阶段，然后从测试环境交付到生产环境。有些公司会有 CI/CD 实践，那么基于 Function 的版本化交付应该如何实现呢？基于 Function 的版本化交付与传统应用交付之间又存在哪些差异呢？基于 Function 的版本交付过程如图 2-23 所示。

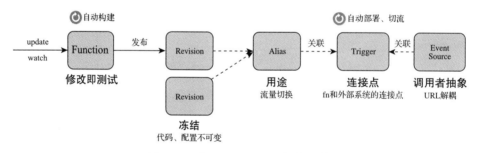

图 2-23　基于 Function 的版本交付

我们重新定义了基于 Function 的版本交付的研发过程，并进行领域建模，具体说明如下。

- ❏ 代码配置修改会触发 Function 自动化编译打包。
- ❏ 部署 Revision（版本）。
- ❏ 关联 trigger（触发器），基于 alias（别名）在不同 Revision（版本）之间进行流量发布，以实现研发交付阶段的对开发透明、所见即所得。

2.3.5 GAIA 实战

下面以闲鱼的研发为例,说明从端到端完整业务落地的过程,并对比 GAIA 与传统研发方式的差异,如图 2-24 所示。

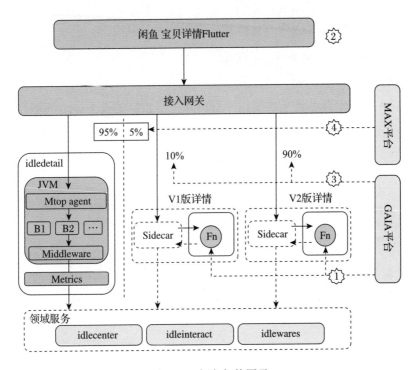

图 2-24 闲鱼架构图示

1. 传统研发

传统研发的研发、交付和运维过程如下,这里以闲鱼详情的研发为例进行说明。

(1)研发

1)研发人员创建应用、创建工程脚手架,提交代码分支仓库管理。

2)研发人员创建 Aone 需求、git 分支,进行 idledetail 应用研发。

3)研发人员对应用进行日常预发布。

4)研发人员在无线网关平台上进行 API 配置发布。

5)客户端研发进行闲鱼详情 Android 版和 iOS 版的开发。

（2）交付

1）研发人员对应用申请机器资源。

2）研发人员对 idledetail 应用进行发布。

3）研发人员正式发布无线 API 服务。

4）研发人员实施 API 去中心化操作，以保障业务隔离。

5）客户端 iOS 版和 Android 版的发布。

（3）运维

1）研发人员根据业务流量的变化，对机器进行相应的资源伸缩调整。

2）研发人员排查问题，SSH 登录生产环境机器，现场进行日志 grep 排查。

3）研发人员要对各种基础设施依赖进行升级和运维。

4）……

2. GAIA 研发

GAIA 对闲鱼 App 详情的研发、交付和运维如下。

（1）研发

1）研发人员负责进行 Function 业务逻辑的开发，Function 在日常预发中可实现秒级生效、快速验证。

2）研发人员对闲鱼详情页使用 Flutter 技术研发，实现跨 Android 和 iOS 的一致性快速交付。

（2）交付

1）研发人员负责在生产环境中发布 Function。

2）客户端功能发布。

（3）运维

1）流量驱动资源自动化伸缩，资源管理对研发透明化。

2）基础设施依赖透明化升级运维。

从 GAIA 与传统研发的对比可以看出，在研发、交付、运维阶段，GAIA 大幅度简化了过程步骤，这对提升业务的效率具有很大的价值。

2.3.6　展望

目前，GAIA 在淘宝、闲鱼、淘宝特价版等业务场景中都已落地，也经历了双 11、双 12、春晚等大促的验证，帮助业务提升了交付效率，让程序员回归业务逻辑，实现关注点的分离。当前，GAIA 还只是处于技术上的初步探索阶段，未来还有待进行深度的体系建设。

（1）业务轻量级研发交付运维模式是不可阻挡的未来

5G 万物互联时代即将到来，多种终端设备都需要轻量级研发运维模式的支持，驱动研发模式演进，降低技术门槛，提升业务效率。

（2）工程体系归一，客户端、服务端统一版本化发布升级

目前割裂的研发模式，典型的表现是多端各自拥有代码分支。在业务云＋端一体化轻量级研发模式下，业务的工程体系将会归一，在一个工程项目里面定义服务接口，在云端容器中实现服务透出，在客户端容器中实现服务调用。同时云和端会统一版本化发布运维体系，我们也需要重新定义自身的研发模式。

2.4　端到端技术体系：新奥创

文 / 王荣华（文来）

随着阿里巴巴集团业务的不断扩张，App 场景越来越多，例如手机淘宝、手机天猫、飞猪、大麦、口碑、饿了么、盒马等，这些 App 还要再分为 iOS、Android、H5、小程序等不同的平台，由不同的开发团队来提供支持。假设此时需要开发一个适用于全域的营销活动，在阿里巴巴的组织架构下，势必会同步到各 BU 的大量团队，并且需要多月累计发版，研发成本巨大。

同样，对于手机淘宝交易的客户端团队来讲，几乎所有的电商类业务都希望在手机淘宝这个"超级航母"上得到支持，但是毕竟人力资源有限，上线机制和先后次序是一个问题，同样业务在发展过程当中也希望能有更多的试错机会，这些都对端到端的业务技术提出了诉求。

2.4.1 起源：基础链路研发效率的变化

2008 年对淘宝来说是很重要的一年，大淘宝战略、淘宝商城等大事件接踵而至，外部环境上，iPhone 3G 版发布，代表整个通信领域发生了颠覆式的变化。此时业务需求研发还是以 PC 为主，遇到紧急需求和 Bugfix 最快半天可以发布上线。

十年后，即 2018 年，世界已发生了天翻地覆的变化，以手机淘宝为代表的客户端 App 已经成为消费者下单的主要场景渠道，客户端的订单占比超过 9 成，这个时候要开发的新需求基本上都是以 App 为主，PC 成了可选项。按照当时的开发模式，大量的业务逻辑都内置在客户端，比如，是否可选，是否有弹窗、字体、样式等。业务研发模式由 B/S 变为 C/S，端侧需求上线需要历经多个版本，迭代周期以月为单位（如图 2-25 所示），因为依赖客户端发版，相较以往效率有所下降。

图 2-25　基础链路研发效率改变

早在 PC 时代，业务人员也曾尝试过基于一些工作来降低多端开发的成本，如图 2-26 所示。

基础链路端到端的开发模式可以分为 4 个阶段，分别是：旧石器时代、新石器时代、青铜时代和火器时代。

（1）旧石器时代

基本上是单纯的前端对接服务端，数据交互的格式自由约定，完全无拘无束。

（2）新石器时代

在智能手机兴起后，同样一个需求，除 PC 开发之外还需要同步到 App、H5 等多个场景，这种情况下很难与每个端都约定一套数据交互格式，那么，应该如何统一各端的交互方式呢？在这个背景下，组件化协议诞生了，它将页面划分成一个个的区块，然后在区块的基础上承载组件的复用需求。

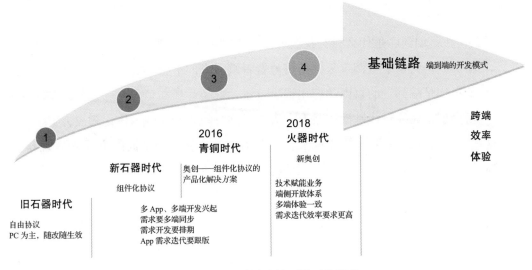

图 2-26 基础链路端到端开发模式

（3）青铜时代

在 2016 年前后，原有的组件化协议缺乏一个强制的统一标准，当多个业务团队共建时容易走形，业务逻辑散落在各处。在这种情况下，奥创平台作为组件化协议的产品化解决方案应运而生，同时，它作为 MVVM（Model-View-ViewModel）的实践，解决了这一复杂的情况。

（4）火器时代

2018 年，由于基础链路客户端场景没有共建的能力，需求多、单团队排期困难，甚至经常出现战略需求挤占业务排期的问题，这就导致了即便资源紧张也没有更好的解决办法。人力资源投入也存在瓶颈和成本挑战，甚至市场形势突变也会导致大量的突发需求，这对业务的快速响应提出了更高的挑战。在这样的背景下，新奥创应运而生，解决了基础链路需求开发资源的单点瓶颈问题，同时通过实时性快速迭代业务需求，让业务需求做到想发就发，随时发随时生效，从而帮助业务在风云突变的市场变化中抢得一丝先机。

四个时代都有其必然性，新奥创的诞生将服务端到客户端的业务研发效率提升到了一个新的水准。

2.4.2　解决之道：新奥创

那么，新奥创到底是什么呢？我们可能会得到如下的答案。

❏ 新奥创是开发手机淘宝基础链路消费者端需求的平台。

❏ 新奥创是端到端的页面动态化解决方案。

❏ 新奥创是无线时代基础链路上由集中式到分布式研发的一体化解决方案。

这些定义都是站在不同的视角来看待新奥创，并从各个不同的方面来体现新奥创的特性：开放 / 隔离性、实时性、全域性（如图 2-27 所示）。

1. 开放 / 隔离性

新奥创为业务带来的第一个显著变化就是开放性：新奥创打破了无线开发时代的单点资源瓶颈问题。从集中式到分布式开发，从各业务将所有需求都提交给同一个团队进行大排期，到可以多业务并行进行自助式开发，新奥创构建了基础链路端到端的、开放式的完整研发体系。在之前的原生体系下，即使由于资源问题业务方希望进行共建开发，以使业务快速落地，客户端共建的成本以及相关的稳定性风险也决定了这一想法不能有效执行。

采用新奥创之后，由于引入了 DinamicX 等页面动态化技术，业务方只需要基于模板开发即可。再加上新奥创的布局、数据叠加行为描述能力，就可以配置出一个完整的页面渲染 + 行为的组件，使缺失的客户端共建能力得以补齐。

另外，业务具有共建能力之后，还需要遵守一定的约束，A 业务不能修改 B 业务的组件，业务不能修改平台的配置，从而最大限度保证整个体系的稳定性和可靠性。新奥创与星环的深度结合，提供了基于业务身份的页面、组件、规则的隔离能力，在这个基础上，平台提供了各业务自助式的并行开发能力，从而保障各业务之间互不干扰；最终与星环共同实现组件规则粒度的热发布能力，提供 7×24 小时的实时发布能力。

2. 实时性

从 2008 年到 2018 年的这十年里，因为依赖版本发布，我们客户端的需求迭代效率从 1 天变为 1 个月，但基于新奥创体系，客户端需求迭代周期也有望再次缩短到一天；新奥创有望将过去 10 年间浪费掉的时间重新夺回。

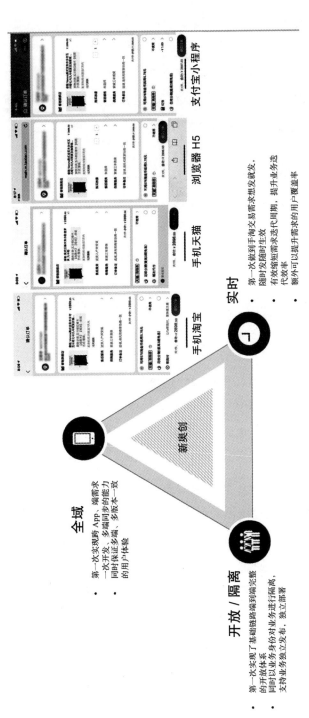

图 2-27 新奥创的特性

在提供实时性保障的同时，新奥创还有效地提升了需求的覆盖率。以往双 11 大促活动的需求要在 9 月就集成发版，但即便是经过两个月的时间来准备，版本覆盖率依然难以达到 90%，存在大量的长尾问题。基于新奥创动态化方案，支持新奥创能力的所有客户端版本都可以被直接覆盖，这就意味着新奥创为新业务带来了至少 10% 的覆盖增量。

3. 全域性

从客户端诞生起，不同平台就由不同团队的相关人员提供支持，比如 iOS、Android、H5 以及小程序等；在该基础上如果再考虑不同的应用（例如手机淘宝、手机天猫、飞猪、大麦等），那么相关的人力投入将会成倍增长。这里的新问题在于，同样的需求需要快速同步到所有端，以降低多端多系统的研发成本。新奥创基于容器化技术来屏蔽异构体系之间的差异，同样一套模板，真正做到一次开发、全域生效（不同的端，不同的 App），并进一步提升整体需求的迭代效率。

2.4.3 方案初解：新奥创的架构

新奥创的核心是页面动态化技术，这里动态化不仅要覆盖到原生 App，还要覆盖到 H5、小程序等场景，新奥创的整个架构就是围绕动态化体系打造的。接下来，首先来了解一下什么是页面动态化以及如何实现页面动态化。

1. 页面动态化

实际上，现在页面动态化的方案有很多，常见的 H5、Weex 等都具备很强的动态化能力和表达能力，阿里巴巴集团内也有许多基于 Weex 搭建的体系，可以将模块一个个抽象出来，作为可复用的最小单元。但是在基础链路上，对于详情、购物车、交易场景，H5、Weex 和原生 App 的性能还是存在一些差异的，基础链路对稳定性和可靠性要求更高，所以我们需要 Native 动态化技术来支撑。恰逢集团内 DinamicX 社区化活动正开展得如火如荼，已经实现了基础链路的很多场景，所以 DinamicX 成为我们的不二选择。

在选择了页面动态化技术之后，需要解决的另一大挑战就是如何实现完整的页面动态化。DinamicX 在组件的粒度上实现了布局的动态化，但是除了页面布局和数据之外，组件的行为也是影响组件的一类重要信息，为了更好地利用组件，需要将组件的行为独立出来，让组件和行为进行组合，增强组件的业务特性及复用性。

为此，我们结合客户端容器来定义"行为 / 事件"，对行为进行抽象，并最终通过 DinamicX 组件 + "行为 / 事件"的绑定来确定某个具备业务含义的组件，从而最大限度加强组件的复用性，所以整个解决方案都是围绕"组件"+"行为 / 事件"来构成的。

页面动态化在不同端需要同时实现对应的"新奥创容器"，这是屏蔽端与端之间差异的前提，但同时这些容器也需要维护，常见的容器有 iOS、Android、H5、小程序等。

2. 新奥创协议

新奥创是组件化协议（将页面划分为结构和数据）的延续，已经形成了多端交互的标准协议。新奥创引入了动态性和行为的表达能力，所以必须对组件化协议进行升级，要增加布局动态性对应的"模板"和行为动态性对应的"事件"的表达。至此，新奥创协议可以完整地由数据驱动生成一个可以自定义交互行为的页面，真正实现页面动态化，而新奥创协议也成为新奥创页面动态化体系的基石。

3. 业务隔离

前面我们主要了解了什么是页面动态化、如何实现页面动态化、用什么来支撑页面动态化的问题。但是对于业务开发来讲，开放了完整的端到端开发能力之后，必然会面临多个业务、多个团队、多人协作的挑战，需要避免多人对同一页面进行修改，好在奥创已能做到按分支进行开发。不一样的是，在页面动态化能力的支撑下，大家对业务迭代的效率要求更高了，在交易的服务端已经支持按业务身份进行热部署了。如果在进行热部署的时候，页面部分不能热部署，那么热部署的效率是会大打折扣的，所以新奥创结合了星环的业务身份，将业务的页面和组件进行了拆分隔离，以实现根据业务身份来完成端到端的热部署。

4. 端到端的架构组成

前面各个部分的选型，形成了"新奥创解决方案"，新奥创是由新奥创平台（页面搭建平台）、新奥创协议（数据协议）、端侧业务容器（台风眼）、动态化方案（DinamicX）组成的技术解决方案。从系统架构（见图 2-28）上看，新奥创端到端的架构可分为 3 个部分：客户端容器、协议、服务端配置及 SDK。新奥创将整个页面

抽象成了页面结构 + 数据 + 行为的形式，并基于新奥创协议进行描述，客户端需要实现动态化容器，使得页面可以根据数据协议来完整生成，配置端则进行页面配置，通过与星环结合实现业务的隔离，最终通过集成在业务服务器上的 SDK 进行协议的渲染和回收。

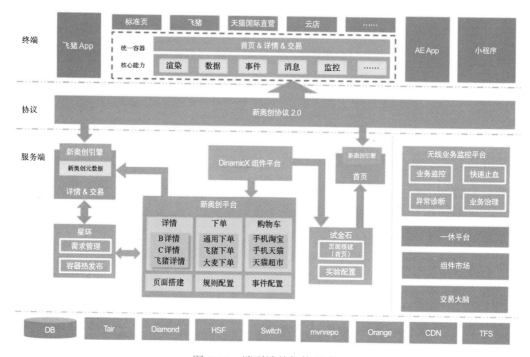

图 2-28　端到端的架构组成

2.4.4　新奥创成果

2019 年，经过一年时间紧锣密鼓的战斗，新奥创已经接入了手机淘宝、手机天猫、AE、飞猪、盒马、口碑、饿了么、大麦、APOS 等多个 App，完成了详情、购物车、下单三大基础业务域的改造，未来还会在订单、手机淘宝首页等业务域进行技术升级。

新奥创实现了基础链路端到端研发模式的升级，以下单为例，真正做到了一次开发，全域生效。多端需求最快一天上线，并且支持多个业务方同时开发涉及客户端变更的需求。相信在不久的将来，新奥创一定能够帮助更多的业务提升研发效率。

第 3 章

高效质量保障

质量保障是持续交付的一个重要目标，而快速、有效的质量保障是业务快速发展的必然选择。随着业务的变迁和系统复杂度增加，质量保障的难度也在不断地增加，而效率却在不断地降低。大淘宝技术部在业务和系统飞速演进的过程中，不断寻求高效、全面的质量保障方案。本章我们将从服务端自动化（即全景回放）、客户端自动化（即全端回放）、性能自动化（即全链路压测）、客户端性能自动化（即端性能验收）、资损防控等几个方面，详细介绍大淘宝技术部在高效、全面保障质量上所做的尝试和探索。

3.1 全景回放

文 / 徐冬晨（鸢伽）

随着淘宝天猫业务的不断发展，业务复杂度也随之不断提升。在一个发布周期内，系统会有多个变更，每个变更是否符合预期，变更是否影响到了预期外的业务，问题修复和功能衰退带来的回归成本增加等问题，是困扰日常测试的几个棘手问题。如何快速生成新需求的自动化脚本，如何保障所有业务在变更后都能符合预期，已经成为测试质量保障的课题。

随着系统数量的增加和系统分工的优化，性能优化、平台抽象、架构升级等几个方面的需求出现，大规模的系统重构项目不断上马。这些系统承载的业务比较复杂、数量多，没有任何人、平台、文档沉淀了运行中的全量业务逻辑，而对于几次变更之后的研发和需求方的系统，已知的业务逻辑已经所剩无几。在这种情况下团队进行系统重构、全量业务逻辑梳理，需要需求方、研发、测试通过需求文档、自己的经验、代码走读等方式梳理业务逻辑，这是一个浩大的工程。即便如此，系统仍然可能存在业务逻辑错误、遗漏的情况，这些问题会导致线上故障。所以自动、全量梳理线上的所有业务逻辑，并在重构后的系统中自动回归验收，已成为重构项目测试质量保障的又一课题。

2017 年，大淘宝技术质量部在 JVM-Sandbox 的基础上，研发了录制回放模块（即 JVM-Sandbox-Repeater）和行调用链路识别模块（即 JVM-Sandbox-Trace），成功降低了新增需求的自动化验收成本，实现了现有业务的全景自动梳理和线上流量自动录制回放，即全景回放。

3.1.1 回放

回放，也称为录制回放，是提升回归效率的有效手段。大淘宝技术部的测试验证经历了手工、自动化脚本、录制回放三个阶段。关于手工回归的成本，这里就不再赘述了，自动化脚本主要分为三步，即入参准备、模拟调用、返回值断言。在书写、维护、执行脚本的过程中，存在入参准备难、断言多、调用受外部环境影响大的问题，目前最好的解决办法就是录制回放。

1. 录制回放的定义

将请求信息、入参、返回值、中间过程记录下来（即录制），在需要的环境 / 机器上重新调用（即回放）。通过回放过程是否成功、对回放结果进行对比，可以判断场景回放是否成功，从而判断该场景测试是否通过。

根据回放方式的不同，录制回放可以分为以下几类。

（1）封闭式回放（Mock 回放）

录制时不仅会记录入口方法的入参和返回值，而且会记录对外调用方法的入参和返回值，以便回放时对比入参。如果入参相同，则中断对外调用，将录制的该对外调用方法的返回值作为回放的返回值。如果入参不同，则终止回放。Mock 录制如图 3-1 所示，Mock 回放如图 3-2 所示。

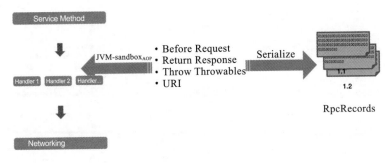

图 3-1　Mock 录制

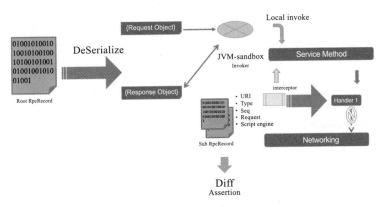

图 3-2　Mock 回放

（2）开放式回放（非 Mock 回放）

录制时记录入口方法的入参和返回值，不对中间过程进行干预，直接对比回放结果。非 Mock 录制如图 3-3 所示，非 Mock 回放如图 3-4 所示。

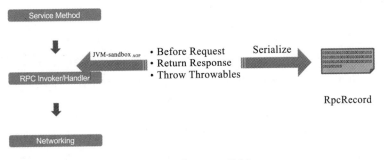

图 3-3　非 Mock 录制

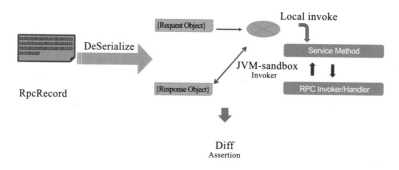

图 3-4　非 Mock 回放

（3）半封闭式回放（部分 Mock)

录制时不仅会记录入口方法的入参和返回值，而且还会记录指定对外调用方法的入参和返回值，或者指定方法的入参和返回值，回放时对比入参，如果入参相同，则中断对外调用，将录制的返回值作为回放的返回值。如果入参不同，则终止回放。

2. 录制回放的优点

录制回放具有如下优点。

- ❑ 提效：基于线上流量的录制／回放，无须人工准备自动化测试脚本和测试数据。
- ❑ 真实：回放场景基于用户的行为进行数据采集，从而可以最大限度地保障和覆盖用户使用的场景。
- ❑ 稳定：可以自由屏蔽对外的依赖，杜绝外部因素对自动化脚本的影响。
- ❑ 灵活：屏蔽外部依赖之后，一套自动化脚本可以灵活回放到不同的环境。

3. 录制回放的使用场景

（1）封闭式回放使用场景

封闭式回放是假设外部场景没有发生任何变化，屏蔽系统对外的全部依赖。如果只看本系统的业务逻辑是否符合预期，那么在系统重构中封闭式回放就是最优的选择。

系统日常变更后的全量回归也是一个重要的使用场景，可以有效地解决由于依赖系统和其他环境的不稳定而导致的回归阻塞问题。如果你的系统对外依赖特别多且大都不稳定，那么封闭式回放将是一个不错的选择。不过，发布前 beta 环境的开放式主链路回归和线上验证是一定要有的，因为这可以有效地避免因为外部系统的变更而导致的重大问题。

日常新增需求手工回归后将自动采集生成自动化回归的脚本，并沉淀成用例，使手工测试收益最大化，同时还能有效解决 Bug 修复后反复手动回归的问题。

封闭式回放的第四个用法，即线上问题排查，比较偏门。其封闭性支持跨环境回放，可以帮助你"昨日重现"，可以不断调试（debug）发现问题的代码。

（2）开放式回放使用场景

开放式回放不会屏蔽外部依赖，不具备跨环境、屏蔽性的优点，但是能够提升验收的真实性。所以开放式回放最重要且最常见的使用场景是发布前的核心链路验收。

对于读接口的验收，开放式回放绝对是最佳选择。将采集到的读接口数据立即回放到待测机器上，即实时回放，可以避免数据失效的问题，但是这种方式无法沉淀测试用例。那么，利用准实时的校准回放，则可以同时解决数据失效和用例沉淀的问题。所谓校准回放是指，在脚本执行验收之前，先到线上环境获取一次最新的返回值，替换掉原来的返回值，再进行回放验收。校准回放在建站、机房迁移、上云等项目中的使用最为广泛。

（3）半封闭式回放使用场景

低成本、灵活多变的半封闭式回放，最适合进行系统间联调之前的验证，对某一个或某几个对外依赖按照约定模拟返回，从而提前验收本系统的问题。

虽然是读接口，但某些依赖返回的数据，由于环境不稳定或其他非业务逻辑因素导致的不稳定，也可以进行模拟返回，从而提升验证的通过率。

4. 录制回放的核心技术

为了方便非阿里巴巴内部人员更快地享受到技术红利，也希望更多的技术人员加入到生态建设中，2019 年大淘宝技术质量部在 GitHub 上开源了录制回放的核心技术——JVM-Sandbox-Repeater，该技术是在 JVM-Sandbox 的基础上开发具备录制回放原子能力的功能模块，是质量保障领域全景回归的基础。JVM-Sandbox-Repeater 技术除了具备了 JVM-Sandbox 的无侵入、类隔离、可插拔、多租户、高兼容的优点之外，其插件式设计还便于快速适配各种中间件，同时也提供了通用的、可扩展的、各种丰富的 API。JVM-Sandbox-Repeater 架构如图 3-5 所示。

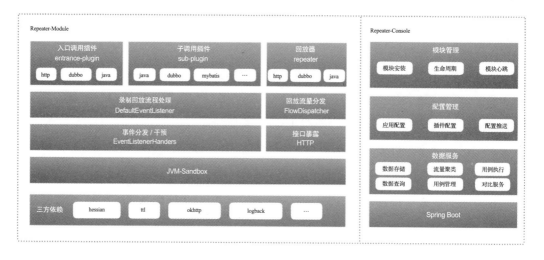

图 3-5　JVM-Sandbox-Repeater 架构图

3.1.2　全景

　　录制回放机制诞生之后，我们解决了全景回放的第一个问题，即流量自动录制回放，下面我们就来解决第二个问题，即全景的获取。我们先思考两个问题。第一：将所有的线上流量连续录制很长一段时间，得到的全部流量是不是就是全景。答案是约等于，理论上录制的时间越长，越接近于全景，但不可能等于。第二：通过这种方式获取的全景是不是可接受的。答案是不可接受，准确地说是投入产出比不可接受，这样的全景中包含了大量的重复场景，而这些重复场景需要占用大量的存储空间和排查时间。那么我们需要在全景和成本之间寻求一个平衡，在尽量保障全景的情况下，去掉重复场景，去掉的方法就是利用行调用链路识别技术对场景进行去重操作。

　　2017 年，大淘宝技术质量在 JVM-Sandbox 的基础上，利用 LineEvent 实现了行调用链路识别和标记的模块，即 JVM-Sandbox-Trace（尚未开源），该模块有效地提升了回放的精准度和效率，降低了全景回放的成本。

1. 全景到链路的蜕变

　　首先，我们需要明确行调用链路的概念，一次请求依次走过代码行，可以得到一个有序的类和行号组成的链路，即行调用链路。对于两个不同的请求，如果行调用链路是相同的，则认为是同一场景。在这一原则下，我们采集一段时间内请求的行调用链路信息（以下简称链路），并计算其唯一值，然后通过唯一值进行去重操作。

每个唯一值，即代表一个场景，当收集的时间足够长时，收集的场景可趋近于全景，我们可以简单地称其为链路式全景。通过收集链路的方式获取的全景将自带链路热度的属性，可以帮助我们区分场景的重要程度。图 3-6 所示为链路获取与热度分析过程。

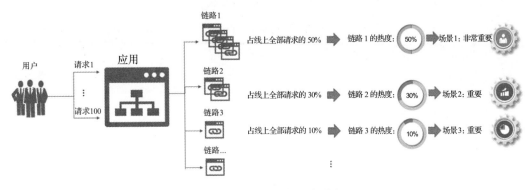

图 3-6　链路获取与热度分析

2. 链路到全景的演进

那么，是不是链路就等于全景了呢，答案当然是否定的，为了尽量接近全景，我们还需要对链路全景进行扩充和缩容。

（1）参数式全景扩充

链路全景只是趋近于全景，在实际的业务中，存在行调用链路相同、参数不同、场景不同的情况，所以需要根据参数对链路式全景进行扩充。扩充的方法一般有两种：按照参数信息（入参或返回值）进行扩充和智能化扩充。淘宝天猫用得比较多的是第一种，第二种方法尚处于探索阶段，所以我们详细介绍第一种方式。

利用录制回放里的参数信息，对同一链路进行扩充，并补充不足之处，即对于同一个行调用链路，当某个参数不一致时，不对链路进行去重操作。这种情况多发生在具有规则引擎的应用中，规则引擎多为非 Java 代码，无法进行行调用链路收集，需要通过这种方式进行扩充。

（2）特殊全景扩充

这里的特殊全景指的是通过短时间录制无法采集到的场景，例如异常流或者像双 11 预售这种在特定时间内才会使用的业务。为了降低全景获取的成本，这些场景最好由测试人员在测试环境中进行录制，然后加入全景里。

（3）无效全景缩容

链路全景还存在场景重复的问题，比如，一个 100 次的循环，第 1 次循环与第 99 次循环没有差异，那么在采集的过程中就会存在 98 个场景重复的问题。针对重复场景，我们首先需要对采集的链路数据进行处理，然后再计算链路全景。

完成上述扩充和缩容操作之后，我们得到了一个投入产出比可接受的近似的全景。与录制回放结合之后，我们就可以做全景回放了。

3. 全景的用途

（1）业务梳理与识别

❏ 梳理：利用接口、参数、链路的信息制定规则，对全景进行自动打标。

❏ 识别：对未被标记的场景进行业务识别，制定新的规则，对全景进行自动打标。规则积累得越多，业务逻辑就会越清晰，这样就可以完成一次业务梳理。

（2）场景重要程度分析

行调用链路不仅能够获得场景，还可以统计行链路的热度。链路的热度越高，表示这个链路就越重要，越是需要重点保障。

3.1.3　成果和未来规划

淘宝天猫的系统重构项目大都使用全景回放的方式进行回归，成本低，效率高。淘宝天猫每年双 11 大促之前的建站、迁移以及 2019 年的上云项目已经可以通过全景回放做到无人值守。

全景回放在服务端可以拥有更多的想象力（比如，为压测提供数据、问题定位、攻防演练，等等），同时还可以扩展成为服务端一站式保障方案。全景回放与客户端相连，可以打通端到端的录制回放，即全端回放。全端回放的更多详情见 3.2 节。

3.2　全端回放

文 / 何霜霜（谢萱）

3.2.1　端到端的交易保障

随着阿里巴巴无线电商领域的不断扩展，业务形态也越来越多，几乎所有的电商类业务都希望在手机淘宝这个"超级航母"上得到支持，但是人力资源毕竟是有限的，业务如何才能快速落地呢？2019 年，大淘宝技术部推出了端到端技术研发体系，目标是解决需求开发资源的单点研发瓶颈，通过研发模式升级来提升研发效率，加快业务迭代，助力业务先赢。整个技术体系结合客户端的动态化渲染引擎能力，加上服务端不同业务的统一组件协议，达到了一端配置，多端（Android、iOS、H5 等多端）生效的效果，真正解决了业务团队排期的资源瓶颈，让业务需求做到想发就发，随时发随时生效，从而再一次提升了客户端到服务端的研发效率。

对测试团队来说，目前淘宝天猫电商上分布着各种业务领域的交易场景，业务品类多，且搭载着非常复杂的业务链路，即便是最小的业务场景，在庞大的手机淘宝用户群体里也能占有百万以上的用户群体，链路上的所有变更都意味着需要测试团队百分之一百地进行线下评估，测试确认没有问题之后，才允许发布到线上服务于用户。因此这次的端到端技术研发体系的升级，提高了研发的生效效率，但也对稳定保障和测试效率提出了更高的要求。

在服务端侧，我们拥有全景回放能力，能够帮助我们更好地保障后端链路的稳定性，但是站在端到端整体稳定性的角度上，只保障服务端明显是不够的，目前大部分的用户都是在客户端上触发业务场景的，客户端也需要具有自动回归验收以及业务的自动梳理能力，因此我们推出了全端质量。全端质量主要是以端侧 UI 为触发点，涵盖客户端—中间件—服务端三方保障的链路质量方案，提供了无须编写 UI 脚本的一套跨域/跨端的端侧 UI 方案，从业务侧覆盖客户端和服务端逻辑，同时还能保障中间件的稳定升级。

2018 年，大淘宝技术质量部初步提出了端到端的质量保障概念，在一年的时间内不断打磨并完善客户端和服务端的技术方案，并于 2019 年年中推出了全端质量，成功地保障了整个端到端技术升级的业务 0 故障，提高了业务保障中的测试效率，并且在集团内各 App 升级端到端的技术架构时，助力业务降低保障成本，为技术升级保驾护航。

全端质量平台主要涵盖两部分功能。一部分是端侧 UI 的质量方案，提供了一套跨域/跨端的端侧 UI 方案，从业务侧覆盖客户端和服务端逻辑。另一部分是客户端去 UI 的端侧仿真自动化功能，在端上通过海量数据构建模拟不同的交易环境，摸底业务交易能力的端侧仿真方案，从技术实现的角度提高验证能力。

3.2.2　端到端 UI

端到端 UI 是一套跨域 / 跨端的端侧 UI 质量保障方案，是在业务测试中落地实践的产物。端到端 UI 方案的特点具体如下。

- ❑ 不需要 UI 脚本能力，即可完成端侧业务交易 UI 脚本定制，以及加入持续集成。
- ❑ 支持跨端、多 App 的交易场景覆盖。
- ❑ 支持组件、业务的数据采集，日常态回放。

端到端 UI 方案的初衷，是构建我们需要的端侧自动化能力。我们定义了一套端侧 UI 驱动协议，能用不同的数据通过统一的协议来表达不同的业务场景，同时端上还需要拥有稳定且轻量级的端侧自动化能力，以应对协议变更"自识别"场景的执行，这便形成了我们初步的自动化架构。在自动化架构的基础能力上，平台服务端的侧重点在于从服务端数据、业务身份、场景操作等方面去感知业务变化，应对交易场景中上千个类目叠加、上百个交易类型带来的场景膨胀，要做到可被预知和可被评估，具备场景自动构建、测试场景自动补充以及持续集成结果自动分析的能力。客户端的侧重点是对端上自动化能力进行工程化改造，让这套方案不仅能够解决手机淘宝端内的业务保障，还能够横向支持升级端到端技术体系的集团业务，减少架构升级对上层业务带来的影响，同时加强集团 App 业务的测试能力。

那么，到底要怎么做呢？下面我们从三个方面重点讲解全端质量，即端到端 UI 方案。

1. 场景录制回放能力

说到业务功能层面的自动化，大部分的业务校验还是基于可操作的 UI 来进行测试，即 UI 测试自动化。这个方案最大的特征就是驱动是一个完整可用的产品，测试人员不需要了解产品具体的技术细节，只需要模拟用户的界面操作即可完成指定的任务，非常适合用于业务功能方面的回归使用。

大淘宝技术部的自动化方案最早也是基于这样的方式去开展的，但是遇到了常规自动化存在的痛点，具体说明如下。

- ❑ **链路识别不稳定**：UI 层页面结构层级的变化、位置的变化等，都可能会导致脚本回放时无法找到元素，测试数据或测试路径场景的变化随时都可能导致脚本失效。
- ❑ **无法多端支持**：多端的场景需要同时编写多个脚本，无法基于同一个协议跨端支持，而且业务变动很快，无法固定场景。
- ❑ **无法多 App 支持**：针对同一个场景多个 App 端的情况无法同时支持，每新支持一个 App，就要从头开始做自动化保障，不能实现功能复用。

针对这些问题，我们深入研究了端到端的架构实现，端侧的动态化能力是基于端上的动态化渲染引擎能力来实现的，可以利用每一个组件信息来实现具体的业务原子信息（展示 / 事件操作），例如，商品信息、修改件数、店铺优惠展示等都是唯一的组件信息，而且手机淘宝在服务广大用户群体中将端侧无障碍能力构建成了基础能力，我们可以借助这个无障碍基础能力为端侧组件也带上唯一的组件识别标记，从而解决了自动化元素定位的问题。该解决方案轻量、准确且唯一，为链路识别奠定了基础。

自动化是基于用户在页面上的行为而进行的，因此我们需要记录测试的操作行为。操作行为除了打开页面渲染，还有页面操作，新架构下的页面操作是基于组件下发的协议事件进行的，那么如果我们能够识别到每一次业务操作是基于哪一个组件以及该组件的操作事件，是否就能完整回溯这一次的场景行为了呢？答案是肯定的。全端质量会根据测试中产生的每一次请求，准确采集到组件及事件操作，做到链路的唯一识别，从而为后续的测试工作打下基础。

基于上面的基础能力，为了屏蔽不必要的因子干扰，我们同时引入了客户端 Disguiser SDK 的 Mock 能力，构建了端侧录制回放的链路。

（1）使用的场景
- ❑ 单端录制回放的场景。

单端录制回放是以客户端侧记录的数据 / 事件等信息作为脚本入参，构建最终真实执行的场景，用客户端 UI 端侧驱动的方式，结合端侧的环境路由能力，对稳定环境下的场景进行验证，同时推进服务端链路数据校验以及端侧基于组件维度信息的校验。这种方式更适用于解决因服务端改动而带来的端侧场景回归，应对服务端中间件架构等的大规模升级保障，相比于服务端全景回放，该方式多了一层端侧场景验证，因此更接近真实的用户体验。

    ❑ 端到端录制回放的场景。

端到端录制回放是在服务端链路上利用测试团队开源框架 JVM-Sandbox 中提供的字节码增强能力和事件侦听处理能力，来监听我们的业务处理类 / 方法，然后进行业务语义等的数据处理，从而构建业务基于端侧驱动的端到端录制 / 回放能力。

以客户端侧记录的数据 / 事件等信息作为脚本入参，可构建最终真实执行的场景；服务端侧记录的链路数据，可用于防止服务端外围其他环境的影响；用客户端 UI 端侧驱动的方式，可以推进服务端链路数据校验以及端侧基于组件维度信息的校验。这种方式更适合用于解决服务端改动造成的端侧场景回归，以应对服务端中间件架构等的大规模升级保障。相比于服务端全景回放，端到端录制回放多了一层验证端侧场景，因此更接近真实的用户体验。

（2）场景录制回放的优点

场景录制回放具有如下优点。

    ❑ 提效：测试人员无须具备端上 UI 脚本能力，平台将构建自动化测试脚本。

    ❑ 稳定：可以根据场景所需，自由屏蔽对外依赖，杜绝外部环境对自动化脚本的影响。

    ❑ 数据沉淀：回放场景的数据是基于测试行为进行采集的，这种方式既保障了覆盖测试使用的场景，又为后续做链路的数据分析打下了基础。

2. 跨端和跨域的能力孵化

有了端侧录制回放能力的支持，全端质量在服务端 / 客户端将逐步扩展所支持的场景。客户端扩展端侧自动化驱动包含 Android、iOS、H5 等容器，支持服务端一套同样的数据协议，可以进行多端驱动执行，定义多 App 接入工程化模式，让各 App 轻量升级端侧回归能力。服务端侧可以从数据协议层自适应各端侧的场景，复用不同 App 上的测试数据和测试用例，使不同业务在不同 App 上都能轻量回归，使用方便，而且再也不用担心漏测的问题。图 3-7 所示为客户端 UI 驱动的端侧引擎。

图 3-7　端侧引擎

3. 精准回归

端侧自动回归能力构建完成后，从本质上降低了自动化脚本的人工投入。但在业务场景上更好地服务于业务，才是全端质量真正的价值所在。

在场景录制回放能力的构建中，我们对过程中大量的场景数据进行了沉淀，借用全景回放中全景筛选的执行思路，利用端上的组件 / 事件等业务信息组装成唯一的识别标记，对最大场景上的用例进行转换和覆盖。但是为了提高端侧的执行速度及效率，场景缩容以及业务定制能力也必须同时开展，因此全端质量要完成如下两件事情来辅助业务决策。

❑ **大数据的完备性**：对不同 App 的录制场景进行有效沉淀，提供业务维度的筛选数据的能力，并补充客户端线上用户真实路径的组件信息，丰富业务数据。

❑ **组件分析能力**：提供以业务组件维度来做识别和标记的能力，可以对组件和事件做热度分析、操作链路分析、组件覆盖率分析等，帮助研发、测试做放量决策、回归优先级参考，以及不断利用平台的数据自动化补充业务场景的能力。

基于以上的大数据和分析能力，目前我们在精准验证上抽离出了以下三种基础能力。

（1）业务定义

全端质量端到端的能力支持我们可以面向集团中的全域用户，而不同用户关注的点是不同的。举个例子，假设将集团比作一个芯片开发商，负责某一芯片开发的用户其关注点在于：对于不同的手机，我开发的这个芯片是否都能正常运行。负责算法开发的用户其关注点在于：对于不同的芯片，我开发的这个算法是不是都能完美植入，等等。针对此种情况，我们支持用户定义不同的业务来回归自己关注的点。

（2）用例推荐

用例推荐服务于精准回归。即要想做到精准回归，就需要用例推荐得准、全、少。我们除了要支持用户自定义业务之外，还要支持他们自定义推荐的规则服务于自己的业务。还是上面那个例子，芯片开发商可以通过搭载此芯片的不同手机来向其用户进行推荐，算法开发商可以通过使用此算法的不同芯片来向其用户进行推荐，等等。

（3）新业务自动感知

对于传统的回归方式，每上一个新的业务都需要去录制用例以用于回放。但是全端质量是基于线上数据做推荐，一旦有新业务上线，就将根据用例推荐规则加入推荐用例池。

图 3-8 所示的是链精准回归结构。

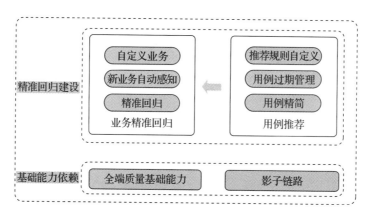

图 3-8　链精准回归

3.2.3　端仿真

对于每次的大促活动，虽然我们已经做了诸多努力来保障交易主链路的稳定性，但是在阿里巴巴庞大的商业系统中，运行着诸多业务场景和营销手段，在交叉叠加的场景下难免会出现交易主链路不可用的问题，从而严重影响消费者的体验。这种情况下，端仿真应运而生，并衍生出了端仿真日常态，用于日常保障交易主链路，方便消费者高效快速下单，并挖出影响消费者体验的交易主链路问题。

　　模拟大数据量下单场景，必须要高效快速，端仿真可以借助于端侧 hook 能力，在客户端实现账户登录、购物车全选、下单、账户退出、回归结果的高效自动化联动，图 3-9 所示为端仿真实现方案。

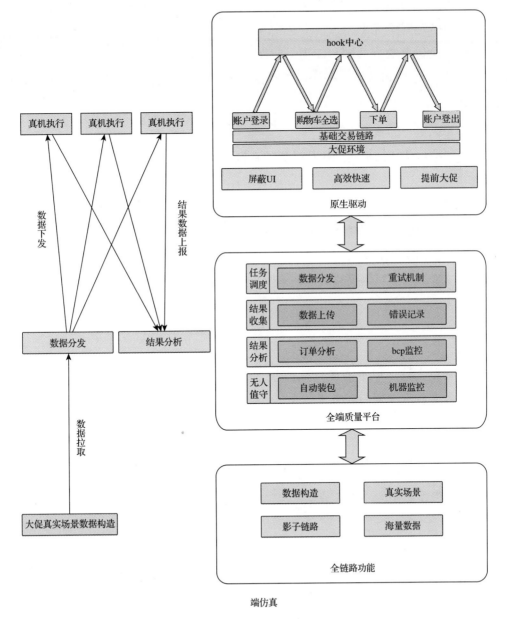

图 3-9　端仿真实现方案

　　基于端仿真的能力，在链路验证上，我们协同集团的全链路功能平台（可以提前模拟大促环境和构建链路商品数据），进行大促态交易场景的提前下单验证和订单校验，从而保证在大促态错综复杂的交易场景下，可以更好地规避下单业务异常的风险。除此之外，端仿真在日常态的方案设计上也提供了大量的支持。

　　（1）业务定制执行

　　借助于全链路数据的同步能力，定期同步全量业务维度数据，平台支持根据用户指定的业务身份和数量，获取近期活跃商品信息，进行端仿真一键式触发运行，批量认证。

　　（2）无人值守的自检自查

　　过程监控：从数据构建到执行过程的真机设备衔接，建立监控，发现问题及时通知处理。

　　数据筛查：服务端提前识别并剔除阻断执行的问题数据，以提高执行效率。

　　真机托管：接入质量部真机平台，海量机型选择，稳定托管执行，并增加设备的数据缓存，提高执行效率。

　　结果校验：自动对生成的测试订单做业务场景标识验证和错误归类分析大盘，快速发现问题。

3.2.4　成果

　　全端质量支持多版本的客户端回归，可以自动发现客户端日常态集成的问题，回归覆盖效率较人工回归提升了数十倍。在双 11 大促场景上，全端质量支持大促的持续集成，并结合穿越能力验证双 11 当天交易侧 UI 的表现，在整个大促储备期，每日进行持续回归，确保控制链路改动的风险。

　　端仿真于 2019 年双 11 执行大促业务场景，规避了大促业务风险，目前已经是大促测试保障所必需的一个环节。

3.3　全链路压测

　　文／肖武（追溯）

　　全链路压测以全链路业务模型为基础，将前端系统、后端应用、中间适配层、

DB 等整个系统环境完整纳入压测范围中，并以 HTTP 请求为载体模拟真实的用户行为，在线上构造出真实的超大规模的访问流量，以全链路压测模型施压，直至达到目标峰值，从而在压测过程中发现系统瓶颈和验证系统能力。

3.3.1　影子体系

在线上环境中进行压测，必然会涉及数据的读写，如果使用线上真实数据进行压测，会造成数据污染。为解决该问题，我们引入了影子体系，将压测数据与线上数据隔离，并使压测数据所走的业务路径与线上数据保持一致，从而保证压测的有效性和真实性。图 3-10 所示为压测影子体系的原理图。

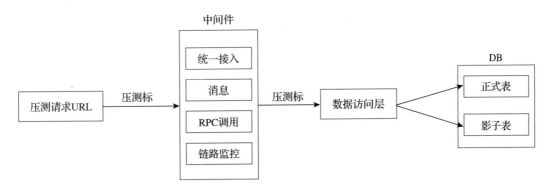

图 3-10　压测影子体系原理

如图 3-10 所示，压测请求发起时会带上压测标，并在各个中间件中进行传递，最终落库的时候会根据传递的压测标决定是读写正式表还是影子表。

3.3.2　准备流程

全链路压测的整体流程包含系统改造、数据迁移、模型构建三个核心部分，整体业务图如图 3-11 所示。

1. 系统改造

系统改造主要分为以下两部分内容。

❑ 升级应用和中间件，以支持压测标传递，保证压测标在整个链路中不会被丢弃。

❑ 构建影子表，正式表数据经过脱敏和偏移后迁移到影子表中。

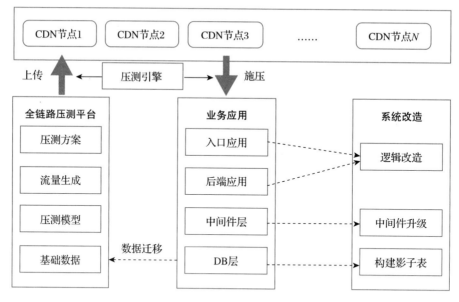

图 3-11　全链路压测整体流程

2.数据迁移

数据迁移是为了将数据从线上表迁移到影子表中，一般首先迁移的是基础数据及其关联信息，交易中是买家、卖家、商品这三者。迁移共分为三步，具体如下。

1）数据迁移：将数据从线上表中读出，写入到影子表中。

2）数据关联：被迁移的数据，将其在线上表中各个字段数据关联的其他数据也进行同步迁移，以保障其数据的完整性。

3）数据脱敏：为防止影子数据污染线上数据，并保护线上数据的安全，会对数据进行脱敏操作。

3.模型构建

模型构建的目的，主要是结合业务，设计能够预测出大促压测的模型，然后按照压测模型组织压测数据，构建出可执行的压测流量。模型构建共分为两个部分：模型设计和流量构建。

（1）模型设计

模型设计的目的主要是采集业务数据并将其抽象成可执行的压测模型，再对各个子模型中的元素进行预测和设计，最终生成可以执行的压测模型，模型预测和设计的过程如图 3-12 所示。

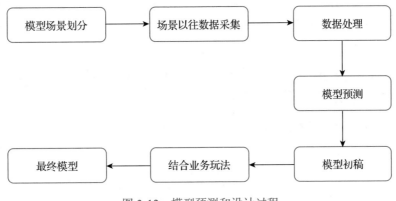

图 3-12　模型预测和设计过程

（2）流量构建

流量构建的过程是指将影子数据按照不同的业务规则进行构建，形成详细的可执行的压测方案。

3.3.3　执行流程

全链路压测执行的过程，主要可分为以下 5 个步骤。

1）方案配置：根据压测模型构造压测数据，并设置压测量级，形成可执行的压测方案。

2）统一预跑：预跑一般安排在正式压测前的 1～2 天，按照模型的小比例进行压测，主要目的是验证模型数据的准确性和当前环境的可用性。

3）系统预热：预热的目的是将当前系统中的本地缓存、DB 缓存等预热到大促态，同时为了防止在流量脉冲进来时核心应用的代码还没有编译，需要提前进行 JIT（Just In Time，准时制）预热，预热的最终效果是让应用的各级缓存达到热状态，在流量脉冲进来的瞬间，缓存能够稳定运行。

4）正式压测：正式压测时会按照大促当天的情形进行演练，0 点脉冲的前一个小时将执行提前批预案，而后再按照压测策略执行正式压测，一般会分为如下几个步骤来进行。

a）0 点脉冲：系统保持大促态，完全模拟大促 0 点的峰值流量，观察各个系统的表现。

b）摸高：放开限流，将压力抬高到当前目标峰值的 10%～20%，观察系统的极限值，如果在这个范围内还是稳定的，就可以继续往上加压，直到有系统无法支持更多压测流量为止。

c）限流验证：在摸高达到最高状态后，开启限流，查看流量是否准确回到限流值，并验证限流的效果。

d）破坏性测试：在该阶段，维持大促态的峰值压测，各业务系统执行其紧急预案，并观察这些预案对系统以及业务的影响。

5）压测复盘：整个压测结束后，组织各系统的核心成员进行压测复盘，提出当前系统中的瓶颈并给出后续修复计划，所有系统瓶颈及其后续计划复盘完成后，将各个系统的数据以及系统瓶颈汇总成压测报告。

3.3.4　全链路压测演进

全链路压测从诞生开始，一直是大促备战的非常重要的环节，每年都会投入比较多的人力对系统进行完整的验收。全链路压测的演进过程主要包含两个重要的方向：一个是模型评估的精准化和智能化，另外一个是全链路压测的提效。在过去的大促备战中，每年都需要经历较多轮的全链路压测，之后系统才会达到最终的状态，整个过程的人员投入以及工作量还是比较大的，需要探索新的压测方式，以提高全链路压测的效率。

1. 压测提效方法

在对全链路压测中的问题进行复盘时候我们发现，如果能够提前进行较大流量的预压测，那么大部分的问题都能尽早发现和解决。因此这里提出了压测前置的想法，将业务资源验收、上下游的依赖、问题修复、限流、兜底等大量的稳定性验证工作前置。这里总结了过去两年为压测提效的办法，如图 3-13 所示。

图 3-13　现有压测提效方法

2017 年，我们在预发环境或者隔离环境中对单机或者小集群进行性能压测。这种方式仅限于对应用自身的单机性能的验收，而无法对上下游链路进行完整的验收，且通过预发或者隔离环境下的压测结果也无法推断出线上环境的容量是否足够。

2018 年，我们在之前的基础上，基于隔离环境进行了小范围的压测，压测的范围与大促的场景比较接近，但是环境规模和压测流量小了很多。我们想通过在小环境中进行全链路压测，来提前发现和解决问题。但是这种方式也存在一些问题，比如，环境准备比较耗时，另外，因为环境比较小，压测流量也比较小，因此会导致一些底层的问题，或者无法发现在大流量下才能暴露出来的问题，对线上的环境容量也无法进行有效验收。

2018 年，除了小范围的压测之外，我们还尝试了在线上环境中进行较大流量的预运行，例如，10%～30% 目标流量的施压，这种方式虽然能够发现一些压测模型的问题，但是与小范围压测一样，一些在大流量下才能暴露出来的问题依然无法提前发现。

2. 线上整单元压测设想

过去两年所做的尝试，都是为了同一个目的——使压测环境更接近真实的线上环境。直接使用线上的单元最好，比如直接按双 11 的目标进行压测，那么效果将是最好的。压测流量越接近目标值，压测效果越好。于是我们确定了在白天态进行整单元、全流量压测的新目标。

针对这个目标，我们制定了白天进行全链路压测的方案。首先来介绍下什么是白加黑。简单概括就是：白天将线上的某个单元流量切零，然后在这个单元进行大促态全链路压测、预案验证、突击演练、破坏性测试等。接下来我们详细介绍白加黑的具体方案。

3.3.5　白加黑方案

1. 前提条件

白加黑的方案，依赖于系统异地多单元的部署模式，而且系统具备容灾切流的能力，即任意单元出现故障后，流量都能够快速地切换到其他单元。利用容灾能力，通过切流操作，可以将某个地域单元完整地空出来进行全链路压测。

2. 核心方案

目前，大淘宝技术部的核心应用基本实现单元化，可以多地域、多单元进行部署，从接入层、应用层、中间件（缓存、RPC 调用、数据库）到推荐 / 广告，均是单元化部署。单元化资源部署的示意图见图 3-14。

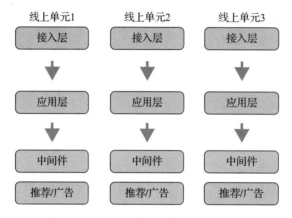

图 3-14　单元化资源部署

针对多单元的部署架构，如果要在白天态进行整单元、全流量的压测，那么我们需要做到以下几点。

（1）流量隔离和路由

在进行容灾切流的时候，压测流量需要能够进入切流的单元，而且这些流量只存在于切流的单元内，不会路由到其他的线上单元中。我们需要实现以下几点。

❏ 压测单元的线上流量要切零（包括无线和 H5 流量），流量由线上其他单元承担，这些都依赖于系统的容灾能力。

❏ 因客户端缓存调度规则导致的残余流量，需要纠偏到正确的单元，避免这部分线上流量受压测影响。

❏ 压测流量在目标单元内路由，不会受到已有路由规则的影响，从统一接入层到 RPC 调用、数据库，再到推荐等，整条链路全部实现单元内路由。

流量隔离和路由方案如图 3-15 所示。

（2）流量防逃逸

在对切零的单元进行大流量的全链路压测时，我们需要避免这些压测流量逃逸到线上的其他单元中，进而影响线上用户，为此，我们需要对整条链路（接入层→应用层→中间件→数据层）进行一些改造，以防止压测流量的逃逸。

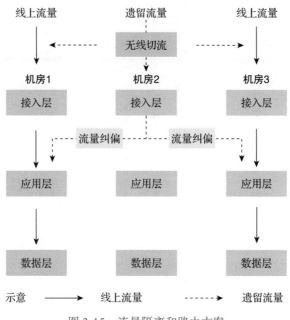

图 3-15　流量隔离和路由方案

❑ 接入层对失败的压测流量不能转发到线上的其他单元。

❑ 单元化应用调用的下游如果出错，那么压测流量将不能转发到其他单元。

流量防逃逸方案如图 3-16 所示。

（3）线上流量优先

对于无法彻底隔离掉压测流量和用户流量的系统，需要有保障线上用户流量优先通过的能力。如果出现流量超出预期的情况，就优先限流压测流量，保障线上流量正常通过。对于非单元化部署的应用，压测流量和线上流量共存，如果出现限流，那么需要优先限流压测流量，让线上流量正常通过。线上流量优先方案如图 3-17 所示。

3. 目前取得的成果

（1）已实现能力

经过大半年的方案推荐，目前，我们已经具备了白天切流压测的全部基础能力，并将成果投入使用，具体说明如下。

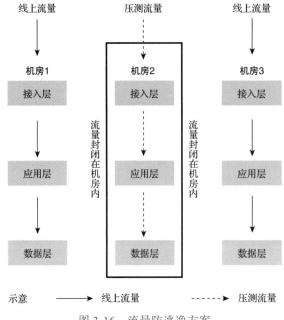

图 3-16　流量防逃逸方案

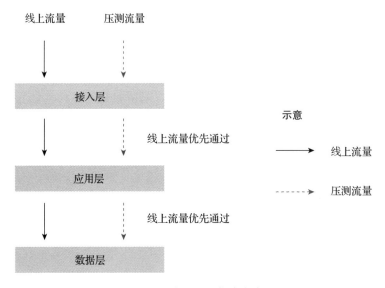

图 3-17　线上流量优先方案

❑ **流量纠偏**：针对核心的对地域单元化的应用，开启流量纠偏功能，在目标单元切零后，会将端上过来的残余流量纠偏至正确的单元，从而避免这些线上流量在应用层受到压测的影响。

- ❑ **自动化流量调度**：针对多地域、多单元的部署模式，实现全自动化的单元间流量调度，在保证线上单元稳定的前提下，提供一个完整的单元以用于验收。
- ❑ **整套流量防逃逸，压测流量封闭**：实现了从接入层，到应用 RPC 调用、数据库、消息，再到缓存的全套压测流量防逃逸，在目标单元高压态下，能够实现将压测流量封闭在目标单元内，而不会对线上的其他单元造成影响。
- ❑ **提前预案指定单元推送，模拟大促态**：实现了服务端在白天大促态下预案的执行和恢复。
- ❑ **白天态的线上突袭演练**：对流量切零的目标单元进行了多次的突袭演练，包括突发脉冲流量、故障注入等。

（2）大促备战提效

在 2019 年的大促备战中，我们通过多轮的白加黑压测，提前解决了绝大部分的阻塞性问题，类似往年双促压测期间的问题，90% 都已在验收前全部解决。大促的全链路验收的压测进行得非常顺利，最终 2019 年的双 11 系统得以平稳度过。经此一役，白加黑压测已成为大促稳定性备战的又一利器。

3.3.6　未来展望

利用系统的容灾能力，可以实现线上某个单元的流量清空，只允许测试流量访问。在这样一个纯净的、真实的线上正式环境中，除了全链路压测之外，我们还可以做线上环境的预压验证、功能预演、破坏性测试以及中间件的演练。这些都极大地扩充了稳定性相关的验证，解决了线上和预发环境的验证，突破了演练的局限性，同时验证也变得更加真实。

3.4　全链路端性能体验持续验收

文 / 阳际荣（韩锷）

性能测试是移动测试中非常重要的一个部分，一个无线业务功能的完成只是一个开始。如何保障用户在使用过程中没有崩溃、卡死等现象？如何保障长尾用户在使用期间的稳定性和流畅性？如何保障用户长时间使用手机后手机不会发烫？如何让用户的内存、流量得到最合理的使用？这些都是移动性能专项测试研究的课题。

为了解决这些问题，移动测试人员需要学会"十八般武艺"，需要从 ADB（Android Debug Bridge，安卓调试桥）、Android Studio Profiler（安卓性能分析工具）、TraceView、Xcode-Instruments 中学到各种第三方工具，需要仔细研究 VSS（Virtual Set Size，虚拟耗用内存）和 RSS（Resident Set Size，实际使用物理内存，包含共享库占用的全部内存）的区别，OOM(Out Of Memory，内存溢出)时的内存瓶颈到底包含哪些指标，需要研究不同的手机内存占用的差距为什么会那么大，需要排查究竟是哪种方法导致了丢帧。

大淘宝技术非常重视用户体验，因此对移动性能测试有着很高的要求。如何帮助各业务测试人员快速有效地完成性能测试、发现性能问题，将更宝贵的时间放到性能优化上，是架构测试团队非常重视的事情，因此大淘宝技术部内部的性能工具 TMQLite 应运而生。

3.4.1 直击性能测试痛点，打造匠心工具

1. 业界性能测试痛点

测试工具纷繁复杂，每次开始测试前都需要反复讨论、查阅文档来确认。两端测试工具体验不一致，导致很多不熟悉客户端的工作人员工具学习成本高，学完 Android 还要学 iOS。不同工具的数据不一致，自动化和手工测试数据不一致，经常需要通过花式复测来对齐数据。

常规测试工具需要人工同步记录数据，测试数据没有持久化，经常会出现数据丢失所导致的"死无对证"问题。没有清晰的可视化报告，因此对数据量的增减没有特别清晰的感知。不同机型的数据差距很大，没有验收，通用机型无法产出可对比的报告。即使发现性能数据不达标，也没有配套的工具辅助排查问题。

2. TMQLite 工具介绍

TMQLite 是大淘宝技术质量团队架构组研发的一款移动性能测试桌面工具，属于大淘宝技术部无线质量平台（TMQ）的一部分，专门为解决性能测试痛点而生，理念是：人人都会性能测试。

（1）TMQLite 的优点

❑ 一键安装，无须配置环境，Android 采用非侵入方案，iOS 只需要 Pod 内部的一个工具库即可支持淘宝天猫内部数十款 App。

❑ 一键测试，操作简单易懂，依次点击"开始""执行操作""结束"即可完成性能测试工作。非技术人员也能使用，真正实现人人都会性能测试的理念。

❑ 一键产出云端可视化性能报告，再也不用费心对数据、对口径，如图 3-18 所示。

❑ 两端测试体验一致，Android、iOS 测试方法统一，不需要在多个工具之间切换。

❑ 支持自动化调用，开放了支持自动化测试的性能采集 API，保障了无论是手工测试还是自动化测试都能产出同一份报告。

❑ 支持专业性能问题分析模型，目前支持页面级和链路级的性能验收标准问题分析模型，直接产出不符合验收标准的性能问题，如图 3-19 和图 3-20 所示。

❑ 配套的内存问题分析工具可精准找到 Android Native 内存使用不规范的问题。

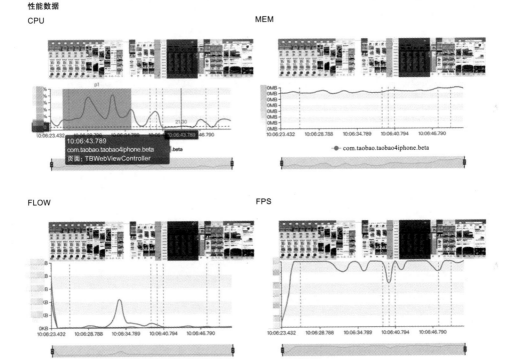

图 3-18　云端可视化性能报告，数据部分

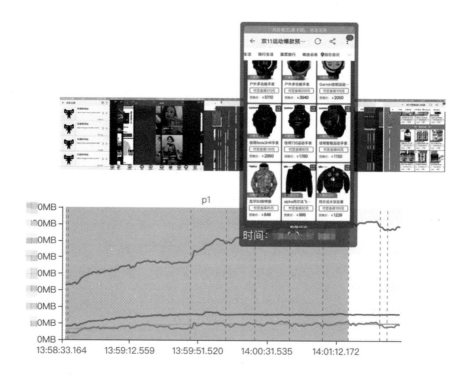

图 3-19　双 11 期间会场链路上的 p1 级别的内存占用问题

问题列表		
问题描述	卡口标准	问题级别
单进程MEM增量：▇MB	单进程MEM增量：▇MB ~ ▇MB	p1

图 3-20　双 11 期间问题列表

（2）TMQLite 支持的数据采集类型

TMQLite 支持的数据采集类型包括 CPU（支持多进程采集）、内存（支持多进程采集，支持 Total PSS、Native Heap、Java Heap、vm size 等维度）、流量、FPS、页面（Activity、Controller）切换信息、实时截图、内存泄露、卡顿分析等。

（3）内存问题攻坚——TMQ Native Finder

通过持续验收和回归等手段发现性能问题之后，接下来就需要去定位问题的根源并解决。而 Android 的 Native 内存问题无疑是客户端上最复杂的性能问题之一，Native 内存使用不规范会直接导致客户端在使用过程中崩溃，而且业务叠加得越多，问题就会越严重。为了发现并解决这些问题，我们自主建设了一套 Native 内存问题发现体系 Native Finder。

3. 什么是 Native Finder

Native Finder 是利用 ELF Hook 的原理，对 malloc、frec、realloc、alloc、mmap、munmap 等操作进行 hook，在自己的 hook 函数中做一些智能分析和统计，并在最后调用系统内存操作函数，不会破坏 SO（Shared Object，共享库文件）原本发起的 malloc 等操作，整体技术方案如图 3-21 所示。

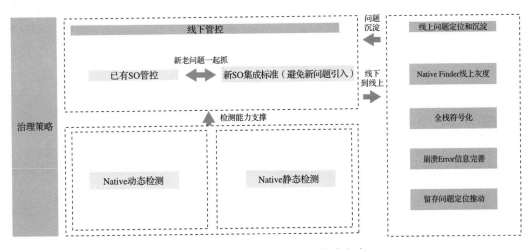

图 3-21　TMQ Native Finder 技术方案

4. Native Finder 如何运转

首先在前期，我们在研究历史数据及问题上花了比较多的时间，认真分析了客户端崩溃的关键问题和痛点所在，这才找准了方向，分析得出的结果是：内存问题是最痛的点。治理过程总结如图 3-22 所示，共分为 5 个阶段，具体说明如下。

❑ Native 工程标准化，整理手机淘宝内部 SO 进行归一化、重复治理以及符号化，为定位内存问题打好基础。

- 线下 Monkey 驱动运行 Native 问题，通过线下的 Monkey 测试，发现并上报问题。
- 线上灰度发布，结合用户真实操作场景复现崩溃问题。
- 本地模式，Native 内存治理，可疑场景通过本地排查模式，快速定位问题。
- 发现并解决问题，对上报问题进行归类、分析和解决。

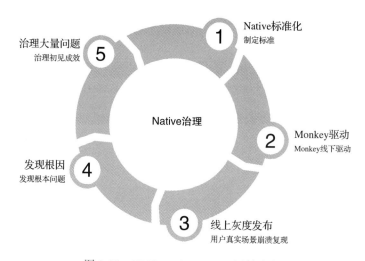

图 3-22　TMQ Native Finder 运转流程

正是这样一套内存分析体系，保证了手机淘宝的 Native 内存问题一点点被根治，内存溢出导致的客户端崩溃比例也越来越低。

3.4.2　大促实战，完美收官

为了保证 2019 年的手机淘宝大促客户端验收能够高效执行，大淘宝技术部客户端稳定性小组的性能验收工作主推使用 TMQLite 工具，使得 TMQLite 得到了最大程度的使用，并获得了一致好评（如图 3-23 所示）。

- TMQLite 发布至今，累计产出性能报告 1 万多份，发现上百个性能问题并全部推进解决。
- TMQLite 发布至今，已经支持了阿里巴巴内部 10 余款 App 进行性能测试。
- TMQLite 支撑了 2019 大促互动游戏、所有会场、全链路的性能验收。

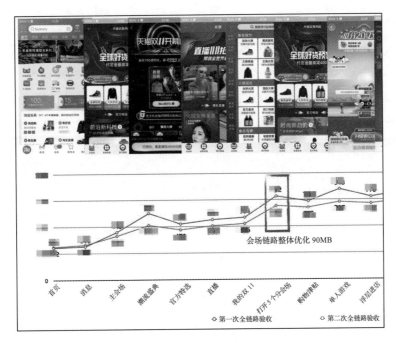

图 3-23　双 11 手机淘宝全链路验收报告（Android）

3.4.3　脚踏实地，仰望星空

以上的成功并不是终点，TMQLite 将继续以易用性为本，发掘更多的移动专项测试能力，包括但不限于专业的功耗测试、响应时长测试、动效体验测试等。同时，TMQLite 也会沉淀更专业的问题分析模型及最佳实践，帮助业务人员更好地完成一次又一次的性能优化。

3.5　资损防控：从业务系统设计到问题发现

文 / 方永翔（大蜀）

资损风险广泛存在于导购、营销、互动、交易、履约等电商业务链路中，由于种种原因而导致的资损问题通常会为消费者、商家等带来重大损失。

3.5.1　资损防控概述

资损防控与电商系通常的日常及大促保障专项（例如全链路压测、客户端稳定性、容灾演练、预案及限流等）有所不同，资损防控的重心（即业务及系统的资损点）并不是仅存在于服务端或者是客户端/前端中的某一端，也并不是仅在 IaaS、PaaS 及应用层中的某一层等，引起资损点的原因可能是系统的规则及功能 Bug、高并发处理、分布式一致性、配置、前端展现一致性等各种问题。资损的出现可能存在于从业务到系统端到端的全部链路中，需要实现完整的资损风险规避。资损防控的三个阶段具体如图 3-24 所示。

图 3-24　资损防控的三个阶段

资损防控的生命周期，一般可以抽象为规避、发现及止血 3 个阶段，具体说明如下。

（1）规避

规避主要包括业务及系统设计上的准备，资损风险的预先识别及应对准备，提前规避可能存在的资损问题。在系统设计上需要设计具备高容错率的系统，以确保分布式系统下的一致性、系统强弱依赖设计的合理性。在架构设计上要做到实时可对账、自动可容错、统一可降级，从而提前避免用户资损。

（2）发现

发现是资损防控中非常重要的组成部分。系统监控与数据对账在资损防控中是极有必要的，其主要的性能指标是覆盖度、有效性及实时程度。优秀的系统监控与数据对账能够快速地发现并定位问题，发现能力是系统快速恢复、问题快速修复及止血的必要基础。

（3）止血

资损的止血需要依赖前期必要的预案准备，以保障资损发生时能够快速止血，同时确保能够将资损控制在一定的范围之内。

资损分类方法很多，限于篇幅此处不再一一赘述。这里从历史经验和实际系统设计经验上进行分类，具体说明如下。

- ❑ **数据一致性类**：数据一致性包括上下游数据一致性、业务领域扣减或增加一致性等。例如，消费者活动红包发放但实际未发、消费者活动玩法门票扣减及 PK 获得与最终消费者积分获得不一致。

- 前后端一致性类：前后端一致性主要是指前后端的语义与展现的一致性。例如，存储语义为 100 分，但前端展现为 100 元。
- 配置 / 规则类：配置 / 规则的设置不合理，或者由于设置错误而导致的资损。例如，规则设置红包领取门槛时，未设置最低门槛而导致的非预期红包发放、奖池未设置上限而导致的奖品超发。
- 业务 Bug 类：业务 Bug 的情景比较多。例如，异常分支的代码不合理而导致在异常分支下消费者能够越过限制领取红包或使用非预期优惠。
- 其他：安全漏洞、IaaS 层缺陷等。

3.5.2　面向资损防控的“系统与业务设计”

业务系统基本的稳定性设计此处不作详细阐述，这里主要提出几个典型的面向资损防控的系统与业务常用的设计。

（1）业务幂等设计

在一般的分布式系统中出现系统调用的超时或者异常等问题都是非常正常的，业务系统的 SLA（Service-Level Agreement，服务等级协议）也不可能是 100%，无论是面向系统还是业务上的容错，重试都是不可避免的。所以在重要的资金链路（如抽奖、支付、履约）上，幂等的设计就显得非常重要了。业务幂等设计的加入能够让系统和业务及时通过安全的重试等操作来解决问题，而不会出现超发、超卖等资损事件。

（2）面向对账的持久层选型及数据结构设计

对于需要进行资损防控的核心业务系统，尤其是资金敏感的数据强一致性保障的系统，在设计时要注意以下几点。首先，在数据库选型上，一般会选择 OLTP（On-Line Transaction Processing，联机事务处理过程）数据库来保障数据持久的一致性，业内有诸多 RDBMS（Relational Database Management System，关系数据库管理系统）可供选择。其次，在业务表设计方面，强一致系统的数据需要考虑面向核对场景的设计，如过程数据的持久化、增加流水表等。最后，应设计面向核对场景的字段，以方便进行跨系统的数据核对。

（3）消息重试

考虑到异常（如系统超时、小概率的抖动异常或者其他异常等）在系统中出现的必然性，通常会加入自动的错误重试来保障系统的健壮性，从而保障最终的数据一致性。自动重试的实现机制有很多，从业务系统的复杂度出发，通常会采用消息队列的重试机制，再结合业务的幂等设计，这两者就能够很好地保障最终的数据一致性。

（4）"非实时"的业务设计

业务设计也很关键，如一个典型的互动玩法的最终结算是否能在业务侧为用户提供实时到账功能。尽管实时兑换到账会带来较好的用户体验，但是若在实际中如此设计，那么即便是有绝对的实时核对系统能够及时核对出不一致问题（如发放金额不一致等），也无法挽救资损已经发生的事实。在业务设计上，对于复杂的互动玩法，通常可以在最终的权益兑换上增加一个小的窗口（小时级的发放时间差），在某些简单的实时兑换上增加用户侧的友好提示（如 X 小时内到账），这些都可以有效地保障在良好的系统设计和实时对账系统的支持下留有一定的余地，保障资损最终实现零资损。

面向资损防控的设计也不是系统上单个层次的单一设计，而是需要综合考虑业务系统链路上的各个节点与各个层次加以设计，好的业务设计与技术架构设计可以避免出现某些资损问题，所以涉及资损的系统在业务到技术系统上的设计都需要详加考虑。

3.5.3　面向资损防控的"发现"建设

资损防控在事前设计规避之外的另外一个核心点就是发现能力的建设与使用，重点是数据一致性监控，即对账监控。

对账在实时性上可以划分为离线对账和实时对账两种。

离线对账是非常通用的对账模式，业务系统各个不同数据源的各种数据都可以通过 ETL（Extract-Transform-Load，抽取、转换和加载）技术发送到各种离线计算平台，通过离线大数据计算进行各种规则的核对。离线对账的优势是，因为其聚合了所有数据，所以对账规则可以非常灵活，在数据全面的前提下可以非常全面地进行各类对账。但是通常的离线对账只能做到 T+N 天、T+N 小时等的数据对账，实时性较差，不利于资损的快速发现、快速止血。

实时对账的实现方案非常多，例如，基于订阅 Binlog 增量消息结合核对脚本实现准实时核对、基于多数据流结合实时计算能力进行多流合并校验的准实时核对，等等。实时对账的优势是对账时效性高，能够在秒级到分钟级迅速发现问题，保证资损问题能够快速发现及止血。同时，考虑到大部分实时对账均是基于增量数据流进行对账，更适用于流水核对场景，但是对于需要基于存量数据的相对复杂的规则（如数据或资金平衡类的对账），则通常无法完成。

1. 实时对账系统设计与实现

针对淘宝天猫复杂多样的大促及日常场景，"发现系统"不仅需要保障数据一致性，而且还需要保障实时性，发现系统需要能够满足如下要求。

- 多数据源的数据联合校验支持。
- 强实时性。

同时，考虑到易用性，发现系统还需要能够额外满足如下要求。

- 低系统入侵：业务系统侵入性低，同时不消耗业务系统本身的额外资源。
- 低成本：对账系统接入应尽量简单，以降低对账成本。

基于上述需求，我们设计了一套实时对账系统，以完成对淘宝天猫大促及日常场景的对账支持。该实时对账系统实现了如下要求。

- 跨多数据源（逻辑库）的数据联合校验支持。
- 准实时性（多个千万级数据库联合对账，确保 1 分钟内完成）。
- 低系统入侵：在数据维度上进行一致性对账，不需要改造具体的业务应用。
- 低成本：对账规则采用 SQL 这一数据领域里完备的结构化查询语言，用于完成主要的对账规则描述，实现了极简的对账监控规则配置与系统接入。

2. 成果

在过去两年的双 11 及淘宝春节项目等大促及日常项目中，实时对账系统支持了众多项目的实时对账需求，实现了对大规模数据（十亿级）及跨库的稳定实时快速核对。平台的诸多优势（如实时性、低成本、低系统入侵等）使得实时对账在过去两年逐步代替了部分场景下的离线对账。

3.5.4　典型案例

1. 电商大促互动玩法场景下的资损防控实践

图 3-25 所示为电商大促互动玩法的典型模式。与一般的随机抽奖互动玩法不同，其在业务上制定了一系列确定性的互动玩法规则约束，用户可以通过多条路径获得

预期积分，积分可以按照固定比例转换为资金（现金红包）。同时该互动玩法下积分的计算与到每个用户上的各种转换与结算每天都在进行，从计算到结算及用户可见的时间窗口实际上只有几十分钟。

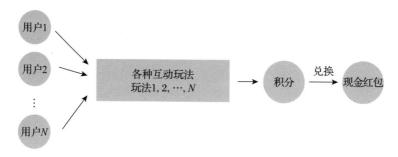

图 3-25　电商大促典型的互动玩法模式

电商大促互动玩法场景下，资损防控需要面对的挑战具体如下。

❑ 大促下用户规模非常大：用户量在数亿级以上，总流水数据量也达到了数亿级以上。

❑ 业务设计上留给系统进行用户校验的时间窗口非常有限。

针对该场景的资损防控，除去必要的后置应急预案之外，主要策略还是围绕着系统设计与问题发现。

关键的用户积分计算及结算环节在系统中是以分布式的定时任务来实现的（见图 3-26）。针对海量用户在分布式执行下的潜在问题，系统设计增加了失败重试，以确保逻辑执行失败时系统可观测、可自动重试，从而保障系统任务执行的成功率。同时，系统设计还增加了守卫任务，以确保所有用户变更至少能够被执行一次，保证不会有遗漏，让系统在正常情况下也能够保障执行的覆盖率和成功率。

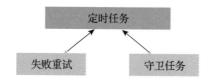

图 3-26　异步结算任务的稳定性设计

针对数亿级的数据一致性，除了系统设计保障之外，还必须具备数据一致性的核对能力。同时，由于项目中用户核对的时间窗口非常有限，因此需要有具备跨多个数据源的实时对账能力来保障数据核对的实时性。项目中所应用的是上文提到的内部自研的实时对账平台，实现了跨数据源的实时对账需求，如图 3-27 所示。

图 3-27　跨数据源实时对账

最终，良好的系统设计和发现能力，确保了项目不出现或极少出现问题。及时完成问题的处理与数据订正，才能保证在大促期间数亿规模的资金发放场景下的零资损。

2. 某大促红包发放链路的资损防控实践

某大促的红包发放链路的资损防控涉及了用户资金计算、用户权益处理及资金红包发放。这个案例的典型性在于，系统及业务上的设计优化对资损防控起到了巨大的作用。

如图 3-28 所示，某大促红包发放系统链路上的核心系统主要有 A、B、C 等。这些系统承载了从用户资金计算到最终权益发放的全链路。其中，A 系统为业务系统，承载了业务逻辑与最终的用户获取红包金额数额，B、C 等系统则完成了后续的用户相关权益处理及发放。

图 3-28　某大促红包发放系统链路

针对该场景的资损防控，首先要做的是业务与系统上的梳理，其次是增加发现能力的应用，以完成从设计到发现的补齐。

（1）系统梳理

我们在进行系统架构梳理时发现了一个问题，即某协同链路分支不支持幂等调用，这将导致在异常情况下无法进行重试（重试有可能会带来资金的重复发放），所以在技术上需要改造系统以支持幂等调用，如图 3-29 所示。

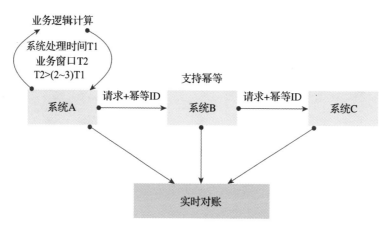

图 3-29　某大促红包发放链路资损防控设计

（2）业务梳理

同时，我们在进行业务梳理时还发现了一个问题，由于业务上需要用户活动冻结的时间与资金兑换的开始时间之前的窗口较短（活动冻结后 X 小时，用户才可以开始兑换权益），并不能满足达到技术上定义的用户权益计算与分发时间的 2～3 倍，所以在业务上同时也做了调整，对用户活动冻结时间与实际用户开始资金兑换的时间进行了修改，以确保预留了充分的时间窗口。在业务上这里同时也采用了"非实时"的业务设计，在用户侧也统一了窗口的文案，展示为 2 小时到账，确保从发现问题到处理问题之间留有充裕的时间。

在该案例中，系统设计优化改进及实时发现能力的运用，确保了最终业务上的零资损，具体说明如下。

❑ 通过系统及业务上设计的优化改进，可以增强系统和业务上的容错能力，直接从根本上规避原本的系统可能会遇到的部分资损风险。

❑ 结合实时对账系统，可以确保问题的快速发现，在这个案例中，实时对账发现了个别跨系统发放不成功的问题（后定位为较难出现的系统时序问题）。由于分钟级发现问题，并通过重试快速解决了问题，因此其同样保障了分钟级的到账效果，用户对问题无感知。

3.5.5　思考

资损防控需要采用体系化的解决方案，需要同时考虑系统设计、业务设计、问题发现能力的使用与建设、最终问题的快速解决以及问题自愈几个方面，只有这样才可能真正地做到一个系统的、体系化的资损防控，从而将资损风险降至最低。

第 4 章

用户体验保障

　　移动化、个性化、内容化是互联网时代的主旋律，也是淘宝天猫近年来持续升级的方向。我们更懂得用户的需求，可以为用户提供更加精细化的产品，更加立体的呈现和交互方式，以及更令人惊喜的体验。手机淘宝的用户体验在具体的设备环境、推荐内容下呈现出的形态也更加去中心化。在稳定、高效的基础之上，质量团队也需要解决用户体验问题。如何对庞大的用户群体进行千人千面的个性化推荐，在直播、视频等新电商内容化业务形态下如何度量手机淘宝用户的整体体验，如何快速感知并解决用户体验侧的问题，如何持续不断地提升手机淘宝的质量水准，这些都是我们思考和前进的方向。

　　移动时代手机淘宝亿级 DAU（Daily Active User，日活跃用户数量）所面对的庞大用户群体，移动端碎片化机型、版本、系统、网络所构成的复杂多样的环境，快速迭代的业务产品，这些都给移动端质量带来了更多的不确定性变量。我们可以提前构造大促态、全链路下的真实业务场景，并通过遍历测试、暴力回放测试、页面性能测试等验收手段，标准化、持续性地对手机淘宝客户端的稳定性和体验进行验收，持续提升手机淘宝的用户体验标准。

　　用户体验的另一个挑战是面对如今的用户量级以及机型版本的碎片化，我们无法保障功能和产品体验的完全覆盖，那么如何才能在产品上线之前以较低的成本发现更多的问题呢？收集更多用户对产品的反馈并推动产品体验优化，是我们要解决的一个问题，大淘宝体验平台就是这样一套手机淘宝众测产品，其通过机型、版本、LBS（Location Based Services，基于位置的服务）、人群特征等信息定向投放和邀约内测用户，并实时同步性能数据、覆盖情况以及用户反馈。

淘宝天猫构造了基于丰富内容的社区导购场景（猜你喜欢、有好货、每日好店、必买清单、哇哦视频、微淘、买家秀、头条、洋葱盒子等），以便更立体地表达货品，为消费者带来更多惊喜和更好的体验。素材质量对于用户体验、增长转化、平台调性等都有非常重要的影响，可以通过算法和质量保障的技术手段、系统化解决方案和质量运营机制，根治素材质量体验问题，提升素材质量和用户体验。

在快速迭代的过程中，往往会发生各种线上、线下的问题，快速排查、准确定位至关重要。直播、视频等媒体业务的系统链路更是纷繁复杂，其中涉及了音视频流链路和电商互动逻辑链路，横跨服务端、CDN（Content Delivery Network，内容分发网络）、移动端和 PC 端，通常需要使用不同的工具、平台和手段对问题进行排查，而且大多数时候，平台之间的数据无法进行关联互通。因此针对复杂的媒体架构，我们构建了一套全链路，横跨多系统、端到端的排查体系，从而能够快速感知用户体验的各类问题，高效排查、及时解决。

本章将在上述方向上，完整地分享我们对于用户体验保障的实践和思考。

4.1　时空穿越技术，提前全链路验证大促会客厅

文 / 阳际荣（韩锷）

毋庸置疑，手机淘宝已经成为一个航母级别的 App，它的用户数量巨大，内容极其丰富，复杂程度也属业内之最。目前是按周迭代灰度，每月发整版，版本流程清晰，快中有序，我们期望这种堪称业内标准的机制能够保证版本质量。但是，时常突发的崩溃告警以及安全生产团队发来的故障单告诉我们，线上质量并没有我们想象的那般牢固可靠。

2017 年 11 月 1 日，双 11 预热期拉开帷幕，手机淘宝（iOS/Android）和手机天猫（iOS/Android）四个端的崩溃率均出现了不同程度的明显上涨。我们紧急成立了

专项小组，由他们负责分析问题发生的原因并制定解决方案。问题解决后，后续数据才逐渐得以回落，如图 4-1 所示。经过分析，我们发现出现这个问题的主要原因是，预热期大量富媒体上线，导致客户端内存水位偏高，内存超过系统阈值后进程被杀死。用户的真实体验就是在使用的过程中手机变卡并可能发热，之后客户端就发生了崩溃。可想而知，这样的用户体验是非常差的。但其实大促期间的每个上线业务都必须经过性能测试及性能验收，那为什么上线后还会出现这样的问题呢？

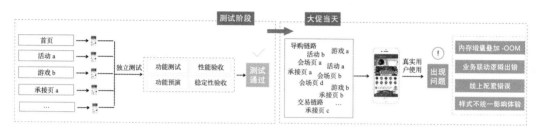

图 4-1　2017 年双 11 预热期稳定性问题

经过进一步的分析和排查我们发现，大促前验收场景均为单点，各个业务都是独立单点地进行测试，而真实用户使用路径则是复杂的链路维度，即在测试过程中没能构建出引起性能问题的真实场景。以上仅仅是列举一个例子，其实面对即将上线的各种互动、会场、游戏、氛围，我们只能与用户一起等待着关键时间点的到来。下一秒会发生什么？氛围能否正常切换？隐藏的价格是否会出现？定时出现的模块能否透出？下一秒客户端的稳定性如何呢？在各种大图片、会场、动画、动效、游戏中徜徉的用户，其手机内存还够用吗？手机滚烫吗？系统会崩溃吗？

带着这些疑虑，我们便开始模拟真实的大促时间点来进行逐一验证，以便在真实情况到来之前获得一个更加确定的答案，如图 4-2 所示，我们提前模拟大促不同时间点的首页效果。

各种各样的大促对于淘宝天猫来说就像家常便饭，因此我们不能容忍任何不确定性给客户端带来质量问题以及体验的缺失。我们提出了时空穿越的解决方案，以便能够在当下的环境中提前看到未来的真实场景。

4.1.1　时空穿越

我们构造出一个未来可能会出现的真实环境，接下来就在测试以及验收的过程中，通过进入这个环境，在真实的未来场景中完成测试和验收，并且通过流程化、卡口化的方式保证测试无遗漏，辅助自动化驱动，在驱动过程中完成数据的采集以及问题分析，从而给出真实场景下的测试结果，如图 4-3 所示。

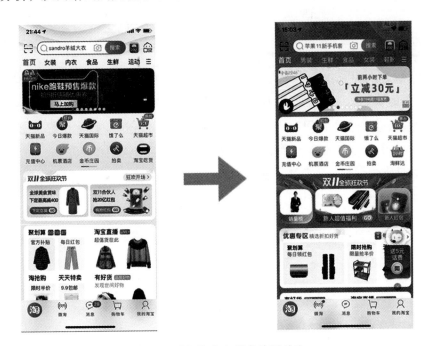

图 4-2　手机淘宝大促态首页对比

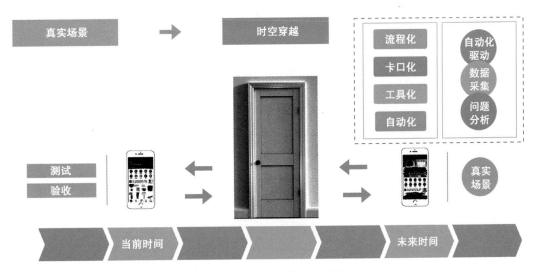

图 4-3　时空穿越技术示意图

时空穿越技术的实现可分为服务端、客户端、灰度环境三个部分，具体说明如下。

1. 服务端

所谓时空穿越，实际上就是将整条链路基于当前时间进行偏移，也就是需要更改应用的时间。

应用的时间取自集团提供的 NTP（Network Time Protocol，是一种用来使计算机时间同步化的协议）服务，所以我们需要做的第一件事情就是自建一个 NTP 服务。之后将有需要进入未来时间的应用都扩容到打有指定标记的宿主机群上，接下来只需要将宿主机的时间指向我们自建的 NTP 服务就完成了应用的时间变更功能。为了保证应用无须进行任何改造，同时由于部分应用涉及预算问题，我们打通了底层部分，支持应用一键扩容，如图 4-4 所示。

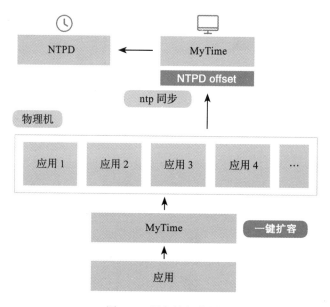

图 4-4　服务端架构图

时空穿越在服务端的实现方案具体如下。

1）自建 NTP 服务。

2）需要时间变更的应用都扩容到了几台打有指定标记的宿主机上。

3）将宿主机的时间指向自建 NTP 服务。

这样做的优点如下。

❑ 服务端应用具备时间变更的能力。

❑ 能力稳定，无须重启，操作后可立即生效。

❑ 处于未来时间的应用时间是相同的，这样做可以保证时间的一致性。

❑ 时间能够自然流逝。

❑ 应用无须配合改造，从而可以控制成本。

2. 客户端

客户端的时间并非取自手机里用户设置的时间，而是取自服务端的时间。由于手机淘宝后端应用数量巨大，穿越后必然会存在一部分应用处于当前时间，另外一部分应用处于未来时间的情况，因此根据上文的逻辑，客户端的时间会在当前时间和未来时间之间被来回纠正，从而导致整个客户端无法使用，对此我们给出了如下的规避方案（客户端架构图如图 4-5 所示）。

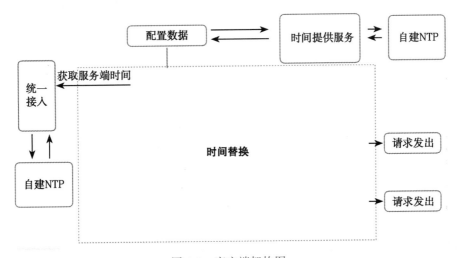

图 4-5　客户端架构图

1）将客户端获取时间的接口指向自建 NTP 服务的时间数据。

2）监听端上发出请求的时机。

3）判断设备是否属于名单内用户。

4）判断当前请求的接口是否属于名单内接口。

5）进行时间替换。

这样做的优点如下。

- ❑ 客户端具备时间变更的能力。
- ❑ 能力稳定，无须重启，操作后可立即生效。
- ❑ 可以保证与服务端时间一致。

3. 灰度环境

那么，又该如何保证线上用户不会进入到未来时间的环境中呢？又该如何仅使指定用户进入到未来时间的环境中呢？

我们可以采用系统灰度环境和微服务接口两种方式来解决上述问题。两种情况都是在统一接入层对当前的请求进行一次判断：如果请求是白名单用户发起的，就进入到未来时间的灰度环境中；如果请求是非白名单用户发起的，那么这些用户就会进入到正常的线上应用中。这种方式可以在不影响线上用户的前提下，保证指定用户进入到未来时间的环境中，如图 4-6 所示。

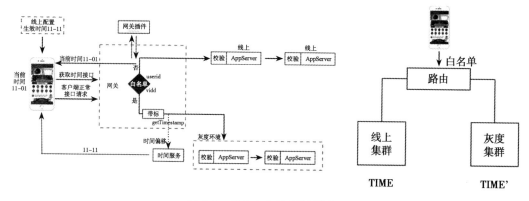

图 4-6 线上与灰度环境隔离

时空穿越的整体实现所涉及的链路比较长，所涉及的环节也比较多，但是使用起来却很简单，只需要手机淘宝客户端扫码添加白名单，之后将环境时间更改到预期的目标时间，等待片刻，即可生效，如图 4-7 所示。

在 2018 年双 11 的真实使用场景中，我们从造势、预热、正式三个关键的时间节点入手，利用时空穿越进行了针对客户端页面维度以及链路维度的验收。验收手段包括遍历测试、暴力回放测试、页面性能测试等，数据采集内容包括崩溃数据、Java 内存泄露、Native 内存泄露、主线程 IO 等，如图 4-8 所示。

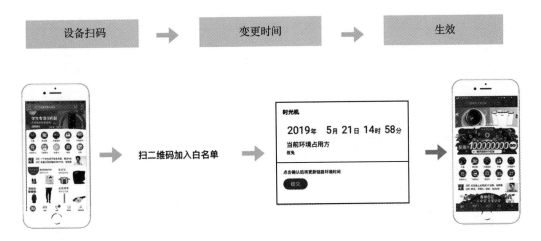

图 4-7　扫码使用示意图

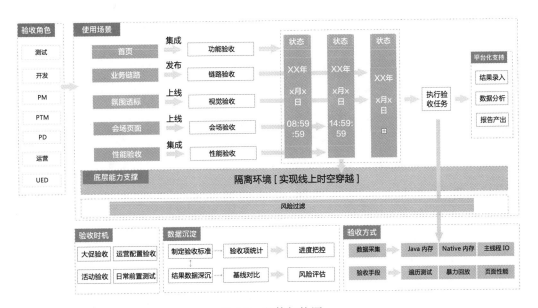

图 4-8　整体架构图

图 4-9 所示的就是在预热期进行链路验收的一个过程图。从中可以看到，模拟用户真实的使用场景，可以提前发现客户端的性能稳定性问题，并在之后推动各个业务方采用低端机降级、压缩图片、减少坑位等方式进行优化，从而最终保证双 11 的线上质量。

在平稳度过大促之后，我们开始考虑如何将这个验收能力应用在日常的客户端质量保障中，于是便有了客户端验收常态化的项目。

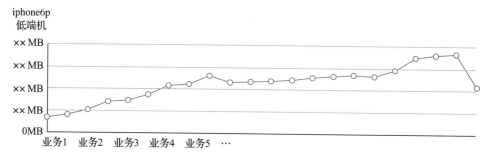

使用过程中内存持续上涨。出现内存达到××MB后客户端崩溃现象。
整个流程后回到首页，内存水位上涨超过××MB
在高水位内存下，进入美妆主会场等会场[有视频，在低端机未降级]，存在反复进入页面内存持续上涨现象，
内存达到××MB后客户端崩溃

图 4-9　预热期链路验收

4.1.2　客户端验收

图 4-10 和图 4-11 分别展示了手机淘宝客户端验收流程的框架和模块。

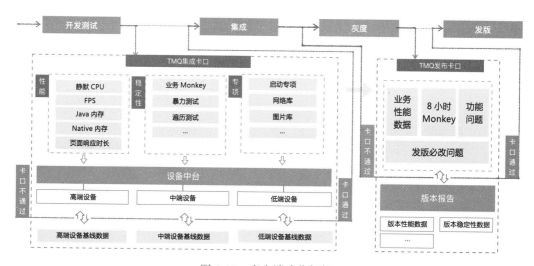

图 4-10　客户端验收框架

简单来讲就是，"客户端验收模块"将验收过程嵌入到客户端发版的生命周期中，卡口化、流程化可以避免遗漏，提供性能、稳定性、专项的检测工具，通过分析采集的数据构建问题模型，可以发现问题，并且通过版本大盘对版本质量进行整体度

量，逐步形成一个针对客户端线下质量的体系化的解决方案，从而更加便捷、高效地发现问题，以保证淘宝天猫的质量。

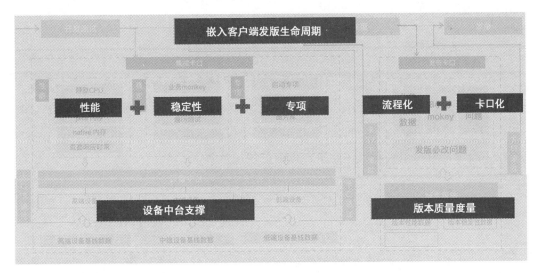

图 4-11　客户端验收模块

4.1.3　结果

在 2018 年双 11 大促中，我们利用"时空穿越"工具，通过模拟用户行为的链路维度验收解决了往年大促期间的痛点问题，成功发现了客户端 150 多个有效问题，验收范围基本涵盖了所有的大促活动和会场。客户端稳定性以及性能相比 2017 年有了飞跃式的提升，被誉为"历年客户端最佳双 11"。而且，"时空穿越"工具的能力并不仅限于此，链路维度的时间可变更和提前，而且可以真实地构造测试数据和环境，为更多链路场景的质量验收奠定核心能力基础，成为大促态与日常态中最终且必要的线上验收步骤。

4.2　定向体验众测产品——大淘宝体验平台

文 / 胡杰（简歌）

淘宝天猫的业务多且复杂、迭代速度快，在这样的背景下，业务对质量保障提出了更高的要求。近几年，淘宝天猫一直在提倡将测试"右移"，"大淘宝体验平台"由此而生。它为业务提供了定向的投放能力、灰度的质量及业务效果分析，是一个灵活、轻量的众测平台。

4.2.1　大淘宝体验平台介绍

如今，业务侧都在提倡精细化运营，大淘宝体验平台从这方面考虑，不仅为业务侧提供了投放功能，还提供了人群圈选的规则，并在此基础上提供了相应的数据监控和分析功能，以帮助业务更好地控制投放人群，及时获得投放效果分析。图 4-12 简单地展示了大淘宝体验平台目前的使用流程。

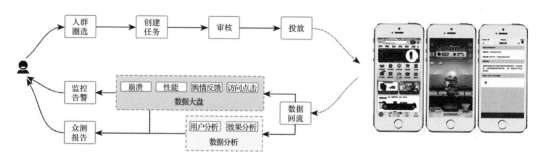

图 4-12　大淘宝体验平台方案流程

图 4-13 展示了大淘宝体验平台的系统架构。从架构图中我们可以看出，大淘宝体验平台在进行投放时区分了不同的业务方空间，让业务方能够方便地在自己的空间中查看历史数据、维护投放人群，并在投放过程中迭代数据，达到高效快速进行任务投放的目的。

同时，实时数据和统计数据（离线数据）采取了不同的数据处理方式，实时数据可以及时反馈业务的投放情况和投放质量，及时进行告警，以便业务方实时调整和处理投放。而离线数据部分则更侧重于数据的分析，让业务方在投放完成后能充分评估整体的投放效果。

1. 投放

大淘宝体验平台使用弹窗的形式在手机淘宝内为业务方提供众测投放，同时还大大简化了业务投放的理解成本。业务方只需要在创建任务时填写相关的投放文案、业务方跳转地址以及业务的埋点信息即可完成任务的创建，当任务审核完成后，即可进行即时投放。

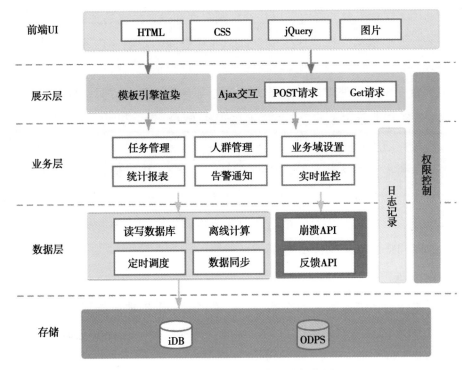

图 4-13　大淘宝体验平台系统架构图

投放的具体流程如图 4-14 所示。

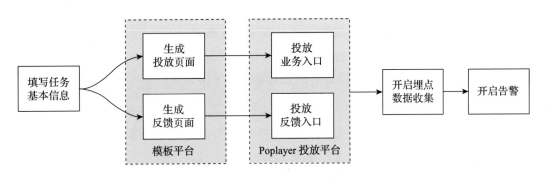

图 4-14　任务投放流程

（1）生成投放页面

为了简化投放流程，目前大淘宝体验平台只开放了 Poplayer（手机淘宝端内弹窗技术）投放入口的文案和投放场景供业务方选择，以便快速创建任务。同时，大淘宝体验平台利用了模板平台的能力，以快速定制页面和投放生成的页面。

模板平台能够根据模板快速生成页面，并动态插入定制化内容。生成的页面同时会申请埋点信息，因此投放的页面已经包含了埋点信息，投放后即可回流相关的埋点数据。这一系列的处理对于业务方来说全部透明，业务方只需要在任务审核完成并投放后，关注业务相关的数据并及时处理相关崩溃告警和舆情推送即可。

（2）投放并回流数据

大淘宝体验平台打通了 Poplayer 投放平台，从而可以根据页面和埋点信息快速创建投放任务。投放完成后，即可及时开启数据回流统计及崩溃监控和舆情监控。如果有崩溃或者有舆情，会及时推送。业务方可回到大淘宝体验平台查看实时的投放数据，及时调整投放或者业务策略。

2. 人群圈选

圈人能力作为精准投放的核心能力，能够将业务准确地投放到目标人群，以最快的速度达到业务众测和体验的目的，从而获得高质量的反馈和更有意义的数据，同时控制体验人群数量，缩短体验时间并控制风险。

（1）业务的圈选诉求

目前，淘宝天猫业务在上线之前经常采用 userid 的比例进行灰度发布。但在此种灰度发布下，每次预先收到灰度发布的都是同一批用户，无法确定有多少用户在升级后会去真正体验，特别是目前用户已有了特定的消费层级或者特殊的偏好，因此灰度发布效果会大打折扣，体验用户的整体随机性太强。同时，当业务只想针对某些设备用户进行灰度发布时，现有的灰度发布能力也无法满足。

对此，大淘宝体验平台根据业务个性化诉求，提供了按标签和按 SPM 业务埋点两种混合圈人方式。目前所支持的淘宝天猫标签包含用户的基本信息和设备信息，如果业务无自己的人群圈选诉求，那么平台会提供默认人群，以及官方推荐的人群供业务快捷使用。

每次进行投放之后，业务都可以通过点击率和转化率等了解整体的效果，但体验用户的具体情况（比如这些用户都覆盖了哪些机型、购买力如何等），则是无法得知的，既无法对目标受众有一个全面的了解，也无法在下一次进行圈人投放时有所侧重。

对此，大淘宝体验平台提供了自助生成用户分析报告的功能。当业务通过大淘宝体验平台进行投放时，平台会根据业务专属埋点清洗出真正参加了体验的用户，进而基于这个人群生成投放报告，帮助投放者及时获取投放效果数据。这样做一方面可以更清晰地了解自己的受众，另一方面也可以不断优化投放策略，提高投放转化率。

最终达到的闭环效果如图 4-15 所示。

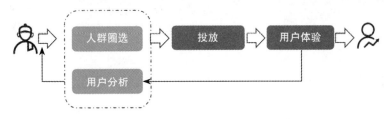

图 4-15　大淘宝体验平台投放闭环

（2）技术方案

若业务选择自行圈选人群，则一般是有明确的投放需求的，这就意味着需要快速完成圈选，然后立即用于投放，但当前淘宝天猫拥有亿级用户，要想从中筛选万级别用户，巨大的时间成本将是一个重要的问题。

整个圈人过程包括对离线表进行预清洗、异步圈人、定时任务监测三步。预清洗的全量表优先选择高活跃用户，这样能尽量缩减圈选范围，而在实际圈人时，分钟级监测圈人完成状态，结合钉钉通知，全方位缩短从圈人到投放的耗时，目前基本可保障在 1 分钟内完成该过程。

进行用户特征分析时，统计指标多，参考的源表容量大，因此主要是在离线表上进行任务的拆解、执行和汇总，最终将用户分析报告及时反馈给投放的业务方。大淘宝体验平台的运营流程如图 4-16 所示。该图也展示了圈人以及人群分析的技术方案。这种闭环迭代效果会使得投放持续且高效。

3. 数据大盘及分析

完成投放任务之后，业务方能够直观地看到投放任务的质量，以及有多少人参与、有多少反馈、有没有崩溃、当前用户的特征是什么等信息，大淘宝体验平台数据分析过程如图 4-17 所示。

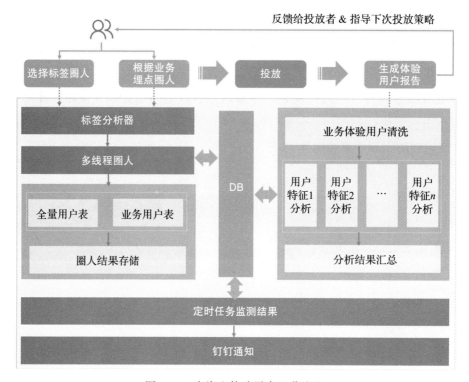

图 4-16 大淘宝体验平台运营流程

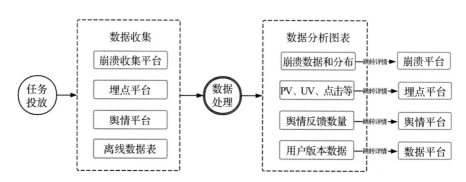

图 4-17 大淘宝体验平台数据分析

数据的回流包含多个来源，如下所示。

❑ **用户访问数据**：通过手机淘宝统一的埋点 SDK（软件开发工具包）采集页面的曝光、按钮的点击等埋点数据并进行清洗和统计而获得的数据。

❑ **崩溃数据**：利用手机淘宝的崩溃收集能力，及时同步到大淘宝体验平台并进行实时告警。

- 舆情反馈：体验用户可以通过统一的反馈页面进行舆情反馈。数据会被及时收集并区分反馈到不同的业务方，业务可根据反馈及时处理。
- 离线数据和分析：（T+1）的离线数据会包含更多的分析（例如，用户的访问点击行为统计、机型分析、App 版本分析等），为业务的后续投放及业务的运营提供更具体的数据支持。

4.2.2　成果和展望

当前，大淘宝体验平台已经成为互动玩法和小程序新版本上线的首选内测手段，并取得了很好的成效。后续大淘宝体验平台会深入挖掘业务体验用户的用户画像，为业务提供运营数据支持，同时也会为业务维护忠实用户，让业务和用户有效沟通，从而提升用户黏性。另外大淘宝体验平台还会开发激励系统，让高质量的众测体验用户为更多业务提供高质量的反馈。而用户也会因为高质量的反馈获得相应的优惠券、红包、淘金币等激励，最终形成活跃的内测体验社区，为用户和业务带来更大的正向循环能量。

4.3　只为最美，淘宝"千人千面"导购智能评测和素材巡检

文 / 唐洪敏（王横）

全面个性化、内容化的淘宝天猫（如图 4-18 所示），构造了基于内容的丰富的导购场景，包括猜你喜欢、有好货、每日好店、必买清单、哇哦视频、微淘、买家秀、头条、洋葱盒子等。个性化为消费者带来了更精准的货品分发服务，内容化为消费者带来了更多惊喜和更好的服务体验。好的商品应该以更好的形式展现给消费者。

不同于传统测试业务，面对海量的 feed 流（即持续更新并呈现给用户内容的信息流）内容、个性化推荐分发、庞大的用户群体等挑战，如何构建整体内容导购质量体系？如何发现问题、度量体验并丰富和提效测试手段？构建整体内容导购质量体系，主要可从以下两个方面进行考虑。

- 用户侧：如何评估千人千面导购推荐系统？
- 平台侧：多来源、多类型、高标准下，如何高效管控素材质量？

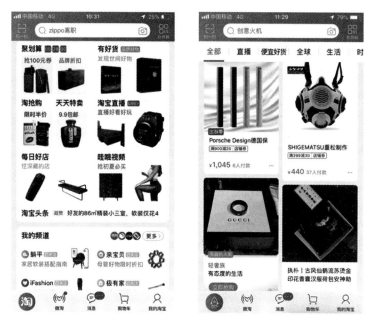

图 4-18　全面个性化、内容化的淘宝天猫

4.3.1　个性化评测

1. 多维评估体系

推荐系统模型研发过程包含离线特征处理、模型网络设计、离线训练、离线预估、在线部署、A/B 测试、模型优化等环节。通常的评估手段包含如下两大类。

- ❑ 离线预估：从算法模型的视角进行评估，包含 AUC、F1-score、查准率（precision）、查全率（recall）、NDCG 等指标。
- ❑ 在线评估：从业务效果的视角进行评估，包含点击率、转化率、互动率、PV、UV 等指标。

以上两类维度将分别从模型的拟合性和短期业务指标上进行评估，它们在用户体验方面仍存在一些不足之处，会因用户体验不好而被诟病，比如，买了还推、全域趋同等，从而影响中长期推荐效果。基于此，对于导购推荐效果，我们从五个维度制定出了全局评估指标体系，如图 4-19 所示。

下面对多维推荐体验评估标准的五个维度进行具体说明。

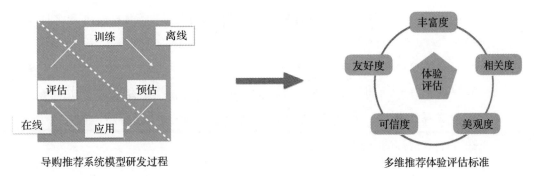

图 4-19　多维推荐体验评估标准

❑ **丰富度**：包含打散度、多样性、覆盖率等指标。比如，打散度是指同一坑位或者同一页面中图片主体、商品主体是否过于同质，是否有更丰富的商品推荐。

❑ **友好度**：包含曝光过滤、购买过滤等指标。已经购买了还推荐同样的商品等问题是用户对电商类推荐系统诟病较多的地方。用户有比较、比价等消费诉求，但相比于纯内容推荐，用户对电商类推荐的疲劳度会更低。

❑ **相关度**：包含相关性、发现性等指标。推荐系统普遍采用的是协同过滤策略，相关性用于短期匹配效率，发现性用于中长期兴趣、货品挖掘，各有优劣，需要整体平衡。

❑ **可信度**：除涉黄、涉政等红线标准之外，淘宝天猫对于素材真实、准确地描述货品的要求极高。例如，标题党、主体杂糅、主体模糊、不完整、切割等都是不允许的。

❑ **美观度**：牛皮癣构图布局和恶心主体（比如特写牙齿病、皮肤病）素材等不适合在首页、会场等公域场景展出。

2. 统计学习评估流程

确定了评估标准之后，接下来就是进入统计学习评估的流程，其中包含如图 4-20 所示的几大步骤，即通过模型测试集输出推荐结果、利用统计学习方法进行指标自动计算、各指标相关性分析、进行整体业务评估度量。

那么，为什么要采用统计学习方法呢？

❑ **为了更精准的指标刻画**：比如，服饰和箱包 vs 服饰和家装，从传统规则（类目、标签等）分类的角度来看，它们是一样的，但运用 word2vec 映射到高维向量空间，就能更精准地对距离进行刻画，以用于计算打散度和多样性等指标。

❑ **为了多维度的全局评估**：整体指标的好坏是一个非凸优化的问题，各指标之间具有相互影响的平衡关系，在不同的业务阶段每一个场景所关注的核心指标也会存在差异。需要通过统计学习的方法进行相关性分析、因子分析等，在几十个指标的基础上形成置信基线的全局评估。

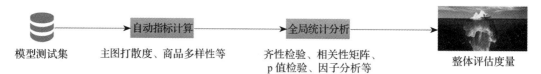

模型测试集　　　自动指标计算　　　　全局统计分析
　　　　　主图打散度、商品多样性等　　齐性检验、相关性矩阵、　　整体评估度量
　　　　　　　　　　　　　　　　　　p值检验、因子分析等

图 4-20　统计学习流程

3. 小结

多维推荐体验评估标准基于 5 个维度提供多评测指标计算服务，产出指标合理性置信区间基线，以应用于日常导购和大促会场等个性化评测场景。在淘宝天猫大促个性化会场，及时发现打散不足、推荐不足、重复推荐、推荐趋同、视觉同图等问题，提前优化，通过多轮评测验证，将会场上线前整体评测通过率由 90% 提升到了 99%。

推荐系统的评测需要针对大量样本进行整体统计度量，从而对各类用户体验指标进行深入洞察，通过因子分析等手段，得到明确的相关性，并可借助 A/B 测试和推演，得到因果性的评测结论，该结论对于业务持续运营、算法优化方向的确定等具有重要的意义。

4.3.2　素材质量管控

1. 淘宝天猫素材质量标准

电商平台素材的来源包含商家商品发布、招商报名、导购选品、达人创作等，有文本、图像等格式。好的素材质量对于用户体验、增长转化、平台质量等的提高都起到了至关重要的作用。而在这其中，图像（图片、视频）作为体验表达的重要媒介，是我们重点管控的对象。

电商类素材除了需要满足内容安全的红线防范要求之外，为了保证更好的平台体验，还需要能够准确、清晰、美观地传递商品和服务信息。平台自身也有严格的素材规范。图 4-21 所示为某会场商品白底图素材质量部分基础规范。

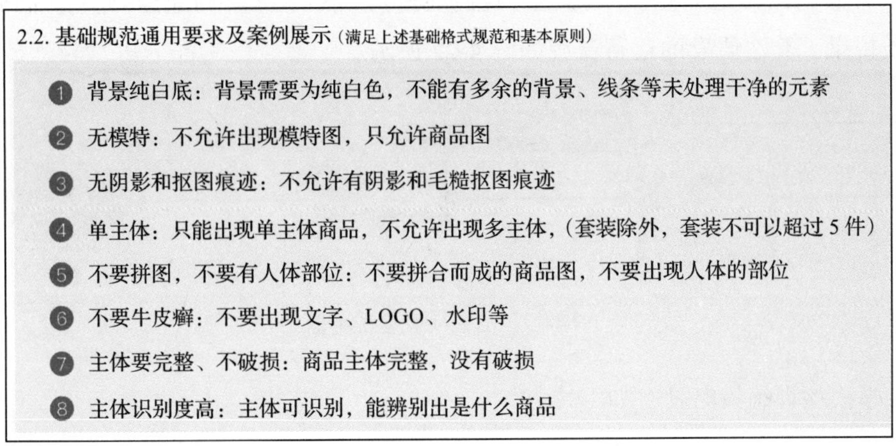

```
2.2.基础规范通用要求及案例展示 (满足上述基础格式规范和基本原则)

 ① 背景纯白底：背景需要为纯白色，不能有多余的背景、线条等未处理干净的元素

 ② 无模特：不允许出现模特图，只允许商品图

 ③ 无阴影和抠图痕迹：不允许有阴影和毛糙抠图痕迹

 ④ 单主体：只能出现单主体商品，不允许出现多主体，(套装除外，套装不可以超过 5 件)

 ⑤ 不要拼图，不要有人体部位：不要拼合而成的商品图，不要出现人体的部位

 ⑥ 不要牛皮癣：不要出现文字、LOGO、水印等

 ⑦ 主体要完整、不破损：商品主体完整，没有破损

 ⑧ 主体识别度高：主体可识别，能辨别出是什么商品
```

图 4-21　素材质量部分标准示例

电商类素材需要具备如下特点和诉求。

❑ 素材信息表达要求准确：避免图片与实物不符、误导用户，包含主体要完整且为单主体，无模特，等等。

❑ 高质量图片转化效率更高：feed 流下用户视觉输入的信息量巨大，精美、布局合理的图片更能脱颖而出，能有更高的转化率，平台也能提供更好的用户体验。高质量的要求包含无牛皮癣、纯白底、无阴影和抠图等。

❑ 不同场景要有不同的颗粒度标准：比如商品主图的牛皮癣，在公域会场和性价比营销场景中其标准颗粒度就不一样（分别为轻微可接受和轻微不可接受）。

2. 素材质量管控方案

面对多样场景中的不同规范标准，我们运用迁移学习、样本扩散等技术，可以快速训练出图像检测模型，解决不同场景中劣质素材的问题。通过学习数以亿计的素材，素材质量管控方案可以形成体系化工程架构和质量巡检机制，持续提升素材质量和用户体验。

整体方案：基于迁移学习思想质检模型快速训练研发。

获取模型训练研发过程中的样本，并进行特征处理、构建训练模型网络、参数调优等操作。基于迁移学习技术，我们可以通过共享模型训练方式消减提效，快速、复用、灵活、泛化地产生多个模型。我们通过持续样本调整构建运营业务标准和算法建模桥梁。算法研发的运行流程如图 4-22 所示。

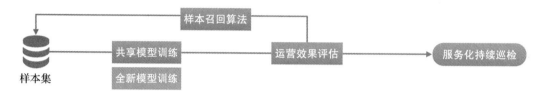

图 4-22　算法研发运行流程

共享模型训练策略具有如下特点。

（1）多任务共享特征提高识别效率

在多任务迁移学习网络模型中，各任务之间共享基础特征，可以减少基础特征重复计算，提高预测效率。在多任务训练网络模型中，各任务之间共享基础特征，可以减少深度网络模型对各个任务的训练数据量需求，比如，对于牛皮癣、Logo、水印等任务，它们的特征具有高度的相似性，可以显著提高各任务的识别精度。但是如果任务之间的相似程度不是很高，就会增加模型的拟合难度。为此，我们采用 Curriculum Learning 训练策略、从简到难逐步进行网络学习，同时在模型上结合半监督正则项，充分利用海量无标签数据，进一步提高精度，如图 4-23 所示。

（2）噪声样本识别提高模型精度

循环学习策略可以识别噪声标签样本，提高训练数据的质量，进而提高模型的最终识别精度。为了提高模型的最终识别精度，深度网络对于训练数据的精度提出了很高的要求，然而很多图像质量的识别任务都存在边界定义模糊、难以标注等问题，这就导致了训练数据中往往会存在噪声标签的问题。为了解决图像质量数据标注难、噪声多的问题，我们提出了一种识别噪声标签的方法，即通过循环学习策略方法，使得模型在过拟合和欠拟合之间反复转换（如图 4-24 所示）。在上述循环学习过程中，干净的标签样本和噪声标签样本会出现明显的区分性特征。利用这种方法，我们可以很快地找到那些训练数据集中的噪声标签样本，从而提高训练数据的质量，并最终保证模型的精度。

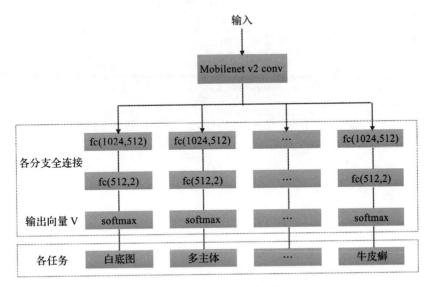

图 4-23　多任务训练网络

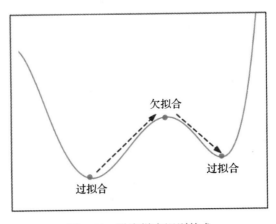

图 4-24　噪声样本识别技术

下面就来介绍一下素材数据流转工程架构的相关内容。

通过产品化的素材质量服务平台承载，可以将问题定义、样本获取、模型训练、效果验收、工程服务等过程形成完整的工程化方案承载，对接各类素材业务，持续运转。素材质量巡检数据流程如图 4-25 所示。

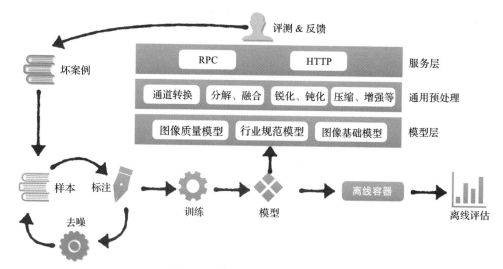

图 4-25 素材质量巡检数据流程

素材质量运营流程如图 4-26 所示，具体说明如下。

低质定义：通过客户满意度、用户负反馈、运营规范、审核数据分析、分析素材质量等渠道洞察用户体验侧诉求。

模型训练：样本扩散技术快速获得样本，共享网络模型快速训练生成新的检测模型，噪声样本识别技术加固提升模型精度，并通过运营验收。

评测验收：模型通过工程化以统一服务协议的形式对接各类素材数据源，包含淘宝、天猫活动类素材，常态导购场景类素材，内容推荐类素材等。

巡检管控：在素材投放到手机淘宝平台之前，过滤出劣质素材，并退回给商家修改处理，确保"辣眼睛"图片不会流转到用户侧。

前置研发系统：素材质检服务与研发产品系统打通，素材质量质检成为素材数据流转链路中必要的一环。

图 4-26 质量运营流程

3. 小结

建立 50 多种劣质素材检测模型（其中包括牛皮癣、多主体、模特衣架、低俗情趣、恶心血腥、透明图、白底图、水印、二维码等），提供离线 / 在线检测服务，从供给端对导购业务的各类商品、劣质素材内容进行质量检测、卡口治理，如图 4-27 所示。以大促期间的素材检测为例，每周检测劣质素材都在百万级以上，通过过滤治理为用户带来了"最美"的体验。

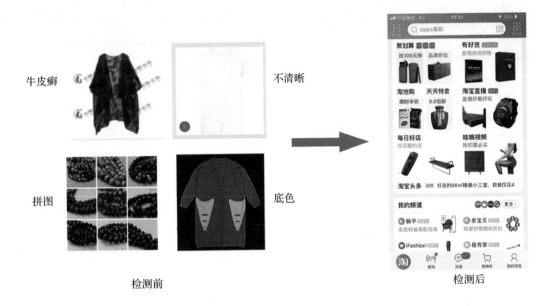

图 4-27　效果示例

4.4　媒体全链路排查，媒体体验的全息洞察

文 / 周冰心（冰心）

近两年，直播和短视频这样的多媒体业务呈现出爆发式增长的趋势，随着用户越来越多，架构越来越复杂，直播的稳定性和播放体验面临巨大挑战。

直播的用户经常会反馈播放错误、卡顿和黑屏等问题，但由于直播具有实时性，开发人员和测试人员通常难以复现问题，网络状态和地域的不同也进一步增加了排查的难度。针对这些问题，我们需要思考如何保障多媒体链路的线上质量，如何及时发现问题并快速定位问题。因此，我们在多媒体质量平台上实现了实时性能稳定性大盘监控和告警，开始了全链路排查体系的搭建。目前，我们已打通从客户端音视频采集数据，然后推流到阿里云 CDN（内容分发网络）节点，最后到用户播放整个实时音视频的链路环节，通过流式计算技术实现了实时媒体可全链路排查。

4.4.1 媒体链路技术

在介绍全链路排查工具之前，我们首先简单介绍实时音视频的主要链路流程。该流程主要包括主播端推流、直播服务、CDN 转码分发、播放端播放这几个部分，如图 4-28 所示。

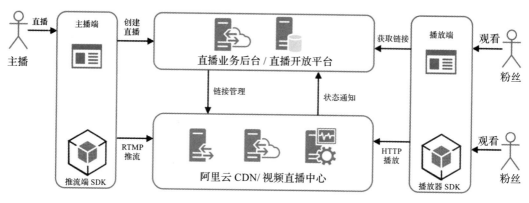

图 4-28 直播整体技术架构

推流端：通过淘宝直播 App 推流，实时采集本地摄像头的图像和麦克风的音频数据，对音频数据进行降噪回音消除，对视频数据进行美颜等动效处理，并进行编码压缩，然后在经过封装后传输到阿里云推流服务器。

CDN 转码存储与分发：阿里云会对音视频数据进行转码，并在加密处理后存储到云存储服务，然后分发到 CDN 上，如图 4-29 所示。

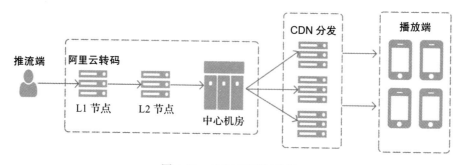

图 4-29 CDN 存储与分发

播放器播放：观看端可以从边缘 CDN 节点上获取流媒体数据，然后进行解码，并在经过音视频同步处理之后进行视频播放。

因此，要想快速定位用户看到的播放出错的问题，需要将上述几个环节全部打通，以便对问题进行精确定位。

4.4.2 全链路排查方案设计

1. 全链路排查整体架构图

媒体链路排查主要依赖于将客户端与服务端的日志相结合，同时打通阿里云环节，通过流式计算平台解决实时排查的问题，并在平台上做聚合分析。链路排查的架构图如图 4-30 所示。

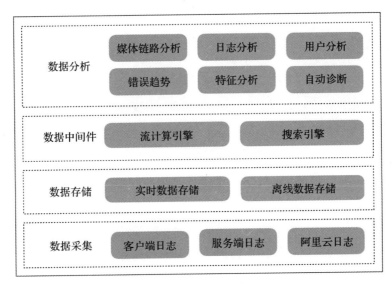

图 4-30 排查系统技术架构图

利用流式计算平台和实时日志系统，将客户端、服务端和 CDN 等不同环节的信息，按照一定的维度聚合起来，根据不同的流程利用规则或算法对问题进行分析和诊断，如图 4-31 所示。

QA 人员和开发人员再结合线下的测试工具，可以进一步提升复现和验证的效率，快速诊断并确定问题的根本原因所在。

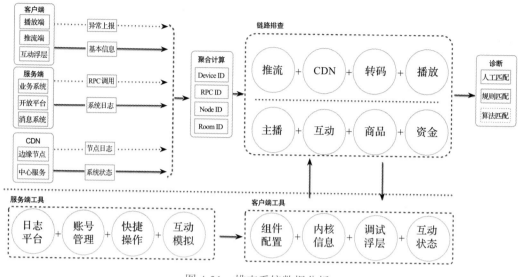

图 4-31　排查系统数据分析

2. 异常分析模块

当用户发生一次真实的播放错误时，我们往往希望能够得知以下几个问题的答案。

❑ 这个错误发生的趋势是什么？是否随着时间趋势在往上迅速增长？我们需要以此来判断问题的走向。

❑ 这个错误发生的特征是什么？是否在某个特定的客户端版本才会出现该问题？是否只在非 Wi-Fi 的情况下才会出现该问题？是否只在指定操作系统的机型上才会出现该问题？

❑ 用户当时做了些什么操作？网络的系统环境是什么样的？

❑ 在用户播放的时候，链路上各环节当时的数据和状态分别是怎样的？

针对这些问题，我们需要将链路分析分为如图 4-32 所示的几个模块。

链路各环节数据

| 推流端数据 | 直播服务端数据 | 阿里云转码数据 | CDN 分发数据 | 播放器数据 | ⟹ 推断问题发生阶段 |

错误数据信息

| 错误趋势 | 错误特征 | 错误用户列表 | 用户操作路径 | 用户日志 | ⟹ 推断问题特征和影响面 |

图 4-32　链路模块分析

当某用户发现在某一个时间点播放器报错时，我们首先可以通过查看问题的趋势和特征，来评估问题的影响面，并以此来推断问题的影响面和严重程度。我们会根据 CDN 节点、直播间、主播、版本、错误码、网络等进行多维度聚合得出 TOP 异常数据分析，并可进行相应的特征分析，快速查到问题的症结所在。图 4-33 所示为某个时间段内的 TOP 错误直播间分布。

Top 错误feedId				
feedId	播放次数	错误次数	错误率	分析
			92.71%	去分析　特征分析
				去分析　特征分析
				去分析　特征分析
				去分析　特征分析
				去分析　特征分析
				去分析　特征分析
				去分析　特征分析
				去分析　特征分析
				去分析　特征分析

图 4-33　某个时间段内的 TOP 错误直播间分布效果示例

我们还可以利用各个阶段的数据来查看问题发生的原因。图 4-34 所示为在 MediaLab 多媒体质量平台上展示的错误趋势和特征分布。

3. 全链路排查数据指标

我们提取和分析了链路上各个环节中可以标明质量问题的关键节点，并定义了各阶段的数据指标和衡量标准。

（1）直播推流端和播放端质量

淘宝直播的推流端和播放器均由直播业务团队自己打造，因此我们可以推动开发人员梳理端上的问题，并完善埋点日志，当用户上报异常日志后，可以通过流式计算平台对数据进行实时分析。获取数据的具体处理流程如图 4-35 所示。

如果推流的网络不稳定，那么无论怎么优化，观众的视频播放观看体验都会很差，因此我们定义了如下几个衡量指标。

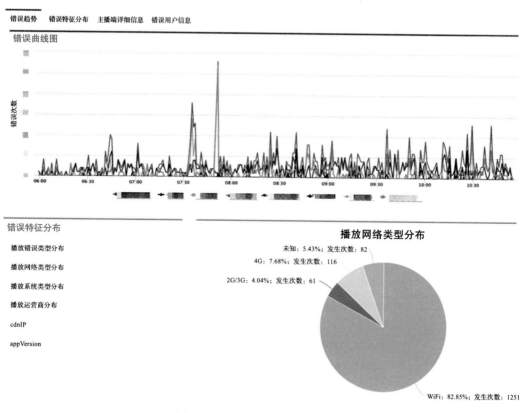

图 4-34　错误趋势和特征分布图

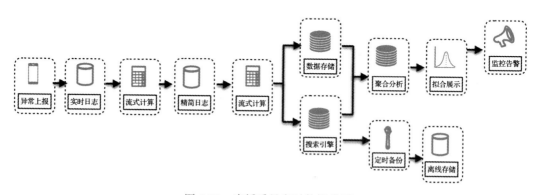

图 4-35　直播质量实时数据分析

推流端衡量指标包括麦克风输出帧率、摄像头采集帧率、网络发送音视频帧率、发送缓冲区大小等，如图 4-36 所示。

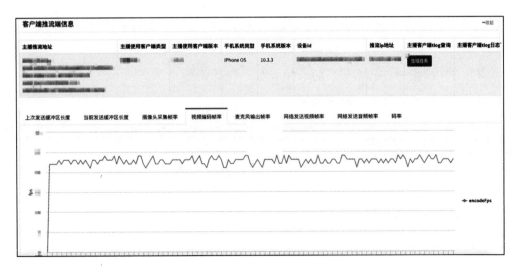

图 4-36　推流端衡量指标

播放端衡量指标包括音视频解码帧率、音视频输出帧率、缓冲区大小等，如图 4-37 所示。

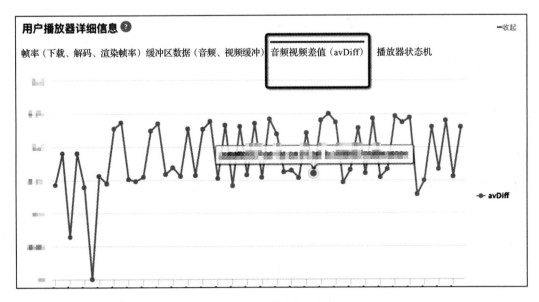

图 4-37　播放端衡量指标

（2）阿里云推流服务和转码质量

即使主播网络和推流端都正常，如果阿里云的推流服务或转码异常，仍然会造成播放不了、卡顿或画面模糊的问题，这些都会严重影响观看者的体验。衡量指标主要包括如下内容。

❑ CDN 推流的各链路节点的卡顿节点、卡顿率等。

❑ CDN 转码的帧率、码率数据等。

CDN 推流链路的分析如图 4-38 所示，我们可以选中某个链路，查看当前的音视频帧率、码率的相关信息。

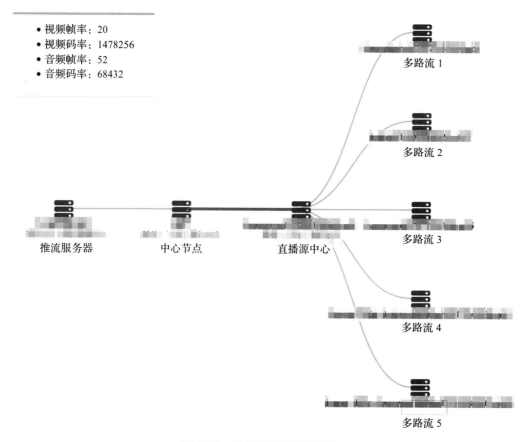

● 视频帧率：20
● 视频码率：1478256
● 音频帧率：52
● 音频码率：68432

多路流 1

多路流 2

推流服务器　　　　中心节点　　　　直播源中心　　　多路流 3

多路流 4

多路流 5

图 4-38　推流和转码链路质量

节点和卡顿数据分析如图 4-39 所示。

（3）CDN 分发质量

数据经过转码处理后，会通过中心节点再分发到各个边缘 CDN 节点上，使用户可以获得更优的体验。衡量指标主要包括分发到播放器的帧率、缓冲区的数据大小等。

topic 阿里云查看地址	节点机器名	节点类型	卡顿链路	连接标识	卡顿数	卡顿率	错误码	在线人数
		非边缘节点		38493457				
		非边缘节点		38493457				
		非边缘节点		82828514				
		非边缘节点		76012371				

阿里云 CDN 链路卡顿信息　一收起

图 4-39　节点卡顿分析

　　由于多个用户在观看同一个直播的时候使用的播放地址相同，而阿里云仅提供基于流名称或客户端的 IP 信息来查询数据，无法直接查找到指定的用户，因此我们对数据进行了加工，增加了观看者唯一标识，这样就可以针对具体的用户进行数据分析了，如图 4-40 所示。

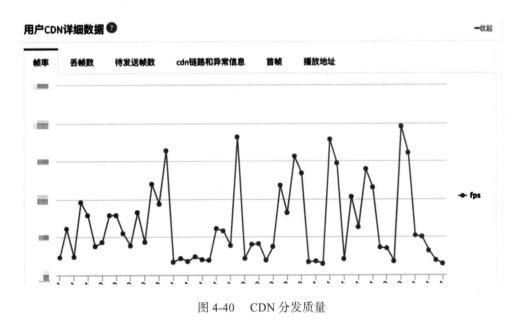

图 4-40　CDN 分发质量

4.4.3　全链路排查自动诊断

　　媒体专业人士可以通过上述一系列的数据聚合展示来分析问题的症结所在。同时，我们也针对问题进行了部分规则的定义，从而使平台具备了一定的自动诊断能力，如图 4-41 所示。

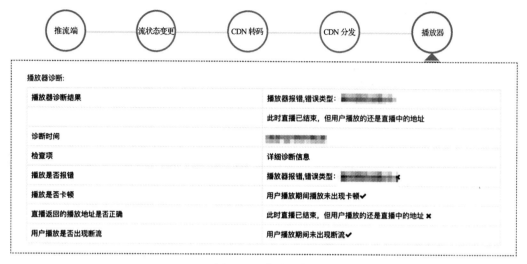

图 4-41　自动诊断

图 4-41 所示为某用户访问出错的全链路诊断结果，我们会按照不同的环节分析整个媒体链路，并将每个环节里有问题的数据用红色标识出来。

4.4.4　实际场景应用

在某个大型直播活动中，我们通过媒体全链路排查工具，发现了该场直播的 CDN 的几个节点卡顿率都超过了 80%。推流端信息显示，阿里云推流端的码率非常不稳定。阿里云 CDN 链路卡顿异常分析如图 4-42 所示，阿里云推流端转码异常分析如图 4-43 所示。

topic 阿里云查看地址	节点机器名	节点类型	卡顿链路	连接标识	卡顿数	卡顿率	错误码	在线人数
		非边缘节点		151473101		0.8		暂无数据
		非边缘节点		151473101		0.8		暂无数据
		非边缘节点		47196413		0.79		暂无数据
		非边缘节点		69303001		0.9		暂无数据

图 4-42　链路卡顿异常分析

根据图 4-42 和图 4-43，我们判断出是现场推流出现了问题，于是及时通知现场相关工作人员进行了调整，从而让直播快速恢复正常。

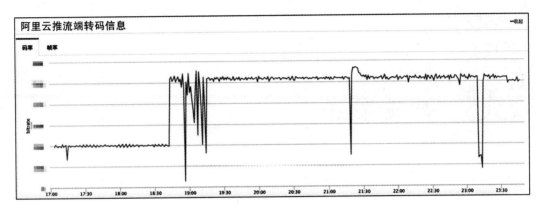

图 4-43　推流端转码异常分析

　　媒体全链路排查工具现在虽然已经打通了媒体的各个链路，但是后续还有很多细节需要继续优化和打磨。同时，我们还需要做进一步的底层抽象设计和上层公共组件封装，并且希望可以将其复用到更多的场景中。

第 5 章

集 成 发 布

从需求到开发再到质量保障，一路走来，我们终于准备好了可以交付的产品，但是要做到安全、高效地将产品发布到线上，真正为用户提供有价值、高体验的服务，我们还差最后"临门一脚"——集成发布。在淘宝天猫，集成发布一直都是整个交付流程中非常关键的一个环节，同时也是一个比较容易发生问题的环节。我们在集成发布环节上持续投入资源，以优化改进集成发布的工具、流程和效率。

本章我们将重点针对手机淘宝客户端集成发布的演进历史、优化策略和操作实践，为读者做一个全面、系统的介绍。

5.1 淘宝集成发布体系的发展和建设

文 / 鲁佳（鹿迦）

5.1.1 集成发布的演进之路

2010 年 8 月份，当首次在非洲大陆举办的世界杯最终以西班牙夺冠结束的时候，第一个手机淘宝 Android 客户端正式上线了。这是 7 个人的小组花了不到 2 个月的时间奋战出来的成果。随后在当年的 9 月份，第一个 iOS 版本的手机淘宝也上线了。

最初的淘宝手机客户端项目只是淘宝当年轰轰烈烈的赛马季参选项目之一，从近两百个内部创业项目中经历层层竞争最终脱颖而出，当时参与开发的工作人员或许也没有想到，未来阿里巴巴电商的绝大部分流量就承载在这个在当时看起来还非常稚嫩的 App 上（如图 5-1 所示）。

图 5-1　最初的 Android 和 iOS 版本淘宝客户端

手机淘宝移动客户端第一版上线之后，大家慢慢开始憧憬未来的无线时代并信心满怀，但当无线时代来临之际，面对疯狂增长的流量，大家仍然有些措手不及。

从图 5-2 中我们可以看到，移动互联网浪潮的到来势不可挡。到 2013 年的双 12 当天，手机淘宝智能手机端（iOS+Android）的成交占比首次突破 50%。探其原因，一方面是智能手机用户本身的网购消费力很强，另一方面也是因为当时的大促活动更偏向于女性类目，作为消费大军的女性用户消费力惊人，移动端的每笔消费单价在短时间内都得到了快速提升。

淘宝天猫业务的急速发展同样也为研发体系带来了很多问题，比如，在业务上试错成本极高，当业务部门发现某些产品方向或功能特性不对的时候，研发部门往往已经有了非常大的投入，再做调整至少需要一个月以上，而且当时大部分团队还是以 PC 时代的组织架构为主，各方面沟通协调的成本非常高。但最让我们感到痛苦的问题就是集成发布难，当时最长的一次集成发布花了整整三个月的时间，在业务急速发展的那个时代，付出那么高的时间成本，现在想想都觉得心有余悸。

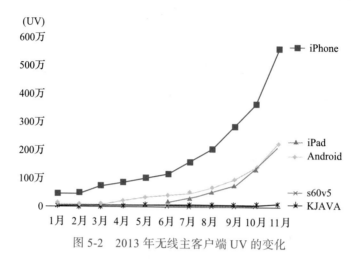

图 5-2　2013 年无线主客户端 UV 的变化

不仅是发布慢、发布难的问题，淘宝天猫客户端用户过亿，覆盖集团内 45 余条业务线，共计超过 1000 余个 Bundle，高度复杂的技术架构及业务快速迭代的需求导致发布越来越多样化和不可控，因发布而引入的故障也越来越多。同时，每年仅在淘宝天猫客户端，发布次数也超过了 1500 次，高频次的发布必然会对单次发布的效率提出越来越高的要求。

为了解决发布难、问题多、效率低这类集成发布问题，我们希望从机制化、工具化、数据化等多个维度优化集成发布中遇到的各种问题，不断提升淘宝天猫客户端的发布效率和质量，如图 5-3 所示。

5.1.2　机制保障过程

机制保障首先需要建立版本集成发布的机制，这个机制的建立就由当时淘宝成立不久的 PMO 团队来负责。在大淘宝技术 PMO 团队中会有人出任版本经理，主要负责在手机淘宝版本的集成发布过程中牵头并对整个流程机制进行持续优化。手机淘宝版本经理也成为整个集成发布过程中的核心执行人，对于这个关键角色，我们也明确了这个岗位的素质要求，具体如下。

❑ 心态：有责任心、开放共赢。

❏ 做事：胆大心细、遇事不慌。

❏ 性格：乐观向上、亲切和善。

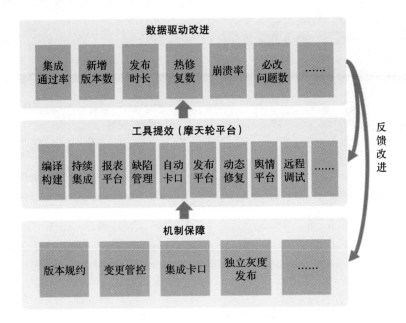

图 5-3　淘宝天猫发布改进大图

　　有了合适的版本经理，我们就可以开始从实践中摸索建立一套适合于手机淘宝的版本集成发布保障机制，包括版本规约、变更规范、集成卡口和独立灰度发布机制等。为什么用户增长需要通过重点项目管理来推进？核心原因是部门多、需求多、角色多。

1. 建立版本规约

　　集成发布如果想成为常态，就必须让大家都认可包括频率、流程、例外等在内的流程机制，这样可以极大减少不确定性所造成的大量沟通成本，提高团队大规模协作的效率。App 发版节奏概念如图 5-4 所示，我们的版本规约具体说明如下。

　　（1）集成、回归、灰度发布

❏ 每周五需求冻结集成，回归 3 小时完成，下午 App 对外部进行灰度发布，紧急集成走审批流程。

❏ 发布窗口：工作日 10:00～18:00，修复故障时除外。

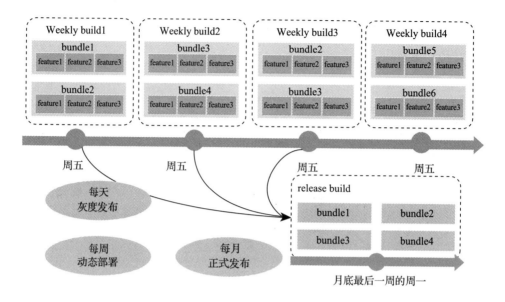

图 5-4　App 发版节奏概念

（2）正式发布

❑ 每月一次应用市场发布与 App Store 发布。

❑ 发布窗口：工作日 10:00～18:00，修复故障时除外。

❑ 补丁发布：发布走审核流程。

（3）监控

监控分为灰度监控和线上监控，灰度监控的规约如下。

❑ 集成业务 4 小时内完成崩溃响应处理（从 PM 发出通知时开始计时）。

❑ App 灰度发布后，"必改 BugList"需要在计划集成时间前完成，违者将面临回滚。

线上监控要求客户端发版后各负责人监控崩溃、性能和舆情等相关数据 2 小时以上。

2. 严控变更质量

在淘宝天猫业务持续高速发展的过程中，淘宝天猫的各技术团队也处于快速发展的阶段。为了快速响应业务的快节奏，开发者们经常需要加班加点，持续变更和发布。快速的变更给线上的稳定性带来了一定的风险，淘宝天猫线上的故障，虽然有各类代码本身的原因，但是 90% 的触发点都是由不同类型的线上变更引起的，如果能在变更阶段多走一小步，在发布期间增强质量管控手段，那么稳定性就会增强一大步。

　　所以我们为此制定了对应的变更规范，具体说明如下。

（1）变更要有计划

❑ 非节假日周一～周四（10:00～17:00），节假日前一天为非窗口期。

❑ 如发生窗口外变更，按照流程进行发布审批。

❑ 大促期间走大促流程。

（2）变更准入原则

❑ 需要通过代码评审。

❑ 需要通过测试，测试人员通过邮件回复测试报告。

❑ 准备好预案及回滚计划。

❑ 需要通过灰度验证。

（3）新增变更平台要求

❑ 有卡口、有审批流、可配置变更窗口。

❑ 具备可灰度发布、可监控及可回滚的能力。

❑ 统一接入变更管控平台。

3. 集成标准及多样性卡口

　　为了更好地保障发布的效率及质量，集成前各业务的质量把控尤为重要，在原有的集成标准上增加了必改问题、性能测试和稳定性测试等更为严格的条件，通过明确核心指标的度量标准来为集成发布保驾护航。手机淘宝版本集成标准及卡口如图 5-5 所示。

（1）稳定性 / 性能卡口

核心业务自动化测试要保障中低端机性能不恶化、业务随机测试无必改问题。

（2）必改问题卡口

不允许集成未修复或正在处理的必改问题所对应的模块。

（3）包大小卡口

卡口规则修改为基于 aar/jar 模块的卡口大小，并基于插桩方案推进代码覆盖率为 0 的模块下线。

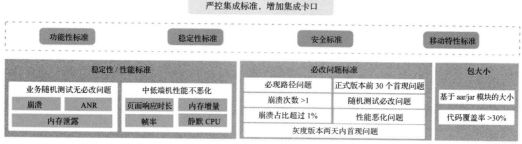

图 5-5 手机淘宝版本集成标准及卡口

上述卡口能力上线后，一次集成通过率从 52% 提升至 88%。

4. 建立独立灰度发布机制

客户端上一些重大的技术改造往往需要基于一个稳定的线上版本作为基线分支，经过多次灰度发布来验证改造的效果，常见的有底层架构改造、底层网络库改造之类的技术改造。这种情况下，我们往往没有办法参加每周的集中灰度发布，因此需要安排单独的灰度发布。独立技术灰度发布将通过整包灰度发布来进行，考虑到整包灰度发布不具备回滚能力，一旦代码质量差、未经充分测试就灰度发布，那么极易导致高崩溃率，对用户产生的影响也会非常大。因此为了保障独立技术灰度发布的质量，我们建立了独立灰度发布机制。图 5-6 所示为手机淘宝的灰度发布机制，对该机制的说明具体如下。

❑ 发布准入：需要通过代码评审、业务测试、核心链路 P0 用例测试。

❑ 发布审批：开发提交申请，测试邮件审批通过后由版本 PM 最终审批确认。

❑ 发布监控：灰度发布中的稳定性及舆情反馈，如发现数据异常，应立即回滚。

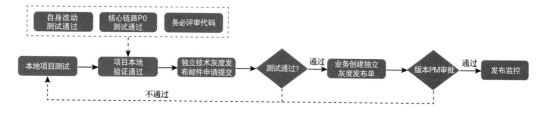

图 5-6 手机淘宝的灰度发布机制

5.1.3　工具提升效率

随着淘宝天猫的生态规模越来越大，每年仅客户端的发布次数就超过了 1500 次，高频次的发布必然会对单次发布的效率要求越来越高。单点式的工具已经能够满足淘宝天猫日常发布的要求，建设一个发布平台不仅能够让复杂的流程机制落地，更能让人从高频率、高重复性的集成发布工作中释放出来，从而极大地提高发布效率，并促进流程机制的进一步优化。图 5-7 所示为手机淘宝的发版变化。

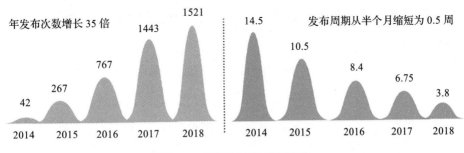

图 5-7　手机淘宝的发版变化

1. 摩天轮研发支撑平台（MTL）

图 5-8 所示为由淘宝天猫团队全力打造的一个面向全集团无线开发测试领域的支撑平台。平台不断提高版本交付能力，提升研发测试效率，线下全面保障版本质量，线上实时监控版本质量，并及时修复问题。

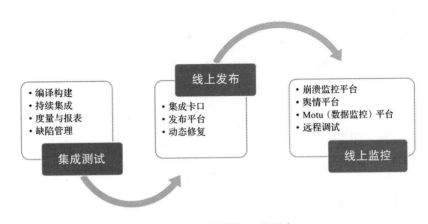

图 5-8　摩天轮研发支撑平台

2. 集成测试

❑ **编译构建**：支持 iOS 和 Android 两大系统中各种类型的打包，一键包诊断，打包成功率高，而且并发打包不用排队。

❑ **持续集成**：支持各种类型的持续集成任务配置运行和结果通知，自动化、随机测试、静态代码扫描、单测等。

❑ **度量与报表**：支持各类测试质量报告、集成质量报告、发布版本报表的个性化定制、自动化输出和下载等。

❑ **缺陷管理**：配合持续集成问题，统一记录并跟踪问题的解决进度。

3. 线上发布

❑ **集成卡口**：项目流程完善、过程规范，支持提测，提交集成，测试报告自动输出，针对性设计流程卡口，提高质量标准，保障发版效率。

❑ **发布平台**：整体、全面的发布流程管理系统，支持渠道更新推送、热更新、动态部署等多种发布类型，配合崩溃监控、舆情监控，实时发现问题、修复问题。

❑ **动态修复**：支持热更新技术、动态部署发布等新型客户端更新技术的落地实践和推广使用。

4. 线上监控

❑ **崩溃监控平台**：实时监控各个版本崩溃异常的捕获和日志解析上传。

❑ **舆情平台**：实时查看用户各类渠道反馈的信息。

❑ **魔兔平台**：定制各类型线上数据监控报表输出。

❑ **远程调试（TLOG）**：远程查看用户异常数据。

经过几年的磨炼，目前，阿里巴巴集团 90% 以上移动客户端产品的开发测试、打包、发布、线上监控都使用了摩天轮平台，通过摩天轮平台，手机淘宝一个正式版本的平均发布时间（从创建集成区到发布完成）从 5 年前的 2 周大大缩短到如今的 3.8 天，摩天轮平台已经成为淘宝客户端高效发布的技术基础。

5.1.4 数据驱动改进

管理学之父德鲁克说："如果你不能度量它，就无法改进它。"

有了机制和工具，我们就能在工具平台上慢慢积累数据，通过数据，我们可以量化出整个集成发布中的客观过程，并为持续的优化改进提供反馈和指导。

我们将需要做到的版本质量数据透明的关键指标分成两类：一类是发布过程的数据指标；另一类是发布质量结果的数据指标。指标不需要很多，但要能对优化的方向起到指导性作用。数据指标包括如下内容。

发布过程的数据指标具体如下。

❑ 版本一次集成通过率。

❑ 新增版本数。

❑ 发布时长。

发布质量结果的数据指标具体如下。

❑ 版本热修复数。

❑ 崩溃率。

❑ 必改问题数。

详细的数据驱动改进方案可以参见 6.2 节关于淘宝数与控的详细介绍。

5.2　手机淘宝集成发布实践总结

文 / 郑雷（幼平）

手机淘宝的整个集成发布过程非常复杂，不同的角色和不同的视角所能看的内容也不同，在这里我们通过版本经理的视角一起来解析整个淘宝天猫发布的实际流程，如图 5-9 所示。

下面根据版本发布过程的顺序分别介绍包括版本发布计划、需求管控、代码集成、回归测试等步骤在内的整个流程。

5.2.1　版本发布计划

制定版本发布计划是第一步，一般大淘宝技术团队会在每年的年底制定来年的全年发布计划，整个计划会精确到每一个计划内的灰度版本和正式版本发布的日期，而且整个日期安排都考虑到了每一个公共节假日和淘宝天猫计划内的各个大促时间点。

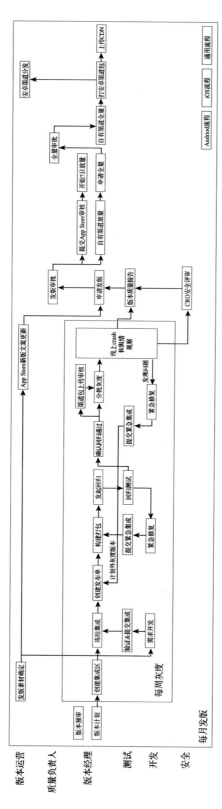

图 5-9 手机淘宝发版流程图

制定的版本日历会精确到冻结集成的具体时间，确定性的时间能够有效地协同大规模的团队工作在同一个版本上，从而降低了不确定性所带来的沟通成本。淘宝天猫内部已经逐渐磨合出了一个发版节奏：每周一个迭代进行灰度发布，每个月发布一个正式版本；除非节假日或大促，一般每周五的上午 10 点会冻结集成，对当期版本的发布流程进行打包。

每个季度，版本经理会向全员公布整个季度的版本发布计划，并将计划录入到摩天轮系统中，以方便相关人员查询。

5.2.2 需求管控

每个版本开始迭代之前，都会对该版本的重点需求进行管控。为了提高效率，并非所有的需求都会进入到管控范围，版本经理管控的需求主要包括重点业务需求及重点技术改造需求。

管控重点业务需求，是为了协同各方目标，明确版本计划及风险点，确保业务需求能够在规划版本中落地，并按照预期创造业务价值。管控重点技术改造需求，是为了协同相关技术团队提前对重大技术的改造事宜进行沟通，对技术改造的影响和预期提前进行预案。对于影响面较大的基础 SDK 等功能改造，则需要明确影响范围、测试计划、测试负责人、灰度计划等，以确保各团队协同作战，需求能够高质量地开发上线，从而避免影响用户体验。

5.2.3 代码集成

每个版本迭代都是从创建集成区开始的，一个集成区可以认为是一个版本分支，所有提交到该版本的需求都需要提交到该集成区。版本经理创建好当前迭代版本的集成区之后，会向相关团队发送集成区开启通知，并提供集成区冻结及灰度 / 发布时间计划。版本发布成功后，该集成区代码会自动合并回主分支。

集成区开启后，开发完成并经过验证（包括自动化测试和手工验收）的改动就可以申请进入集成区了。在创建集成区的同时，版本经理会根据版本计划设置集成区冻结的时间（一般是周五的早上 10 点钟）。在集成区冻结之前，各团队可以随时进行代码集成。图 5-10 所示为各模块负责人进行代码集成的情况。

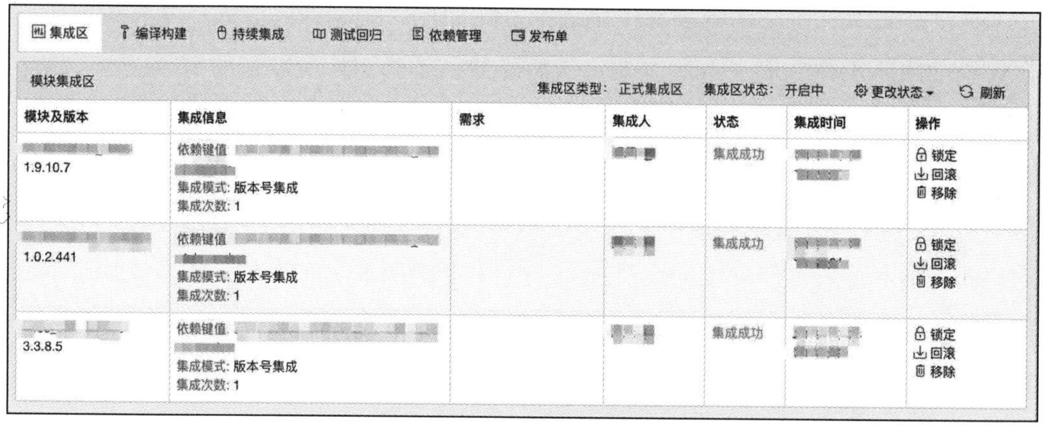

图 5-10 集成区代码集成

集成区冻结后，版本经理开始创建发布单。发布单可以理解为该集成区代码分支的一个标签，创建一个发布单，可以基于该集成区的最新代码进行打包编译。发布单与版本号一一对应，一个集成区可以有多个发布单，但是一个发布单只能属于一个集成区。发布单创建后，版本经理会进行打包操作。打包完成后，版本经理将通知相关团队进行该版本的回归测试。

5.2.4　回归测试

尽管在代码集成之前，按照流程各个团队已经对代码进行了充分的验证，但是各个模块的潜在依赖、底层代码改动对全局的影响等，都可能会导致出现新的问题。另外，市面上的手机厂商、系统版本等非常多，每款手机都可能出现应用适配问题。基于以上原因，我们在版本发布之前，需要针对市面上主流的机型进行适配测试，这样能够有效地检测出相关问题，降低出现重大故障的概率。对于一些非常规测试来说，也需要在正式版本发布之前进行集中测试，以避免正式发布版本时出现大的质量问题。

通常，手机淘宝的回归测试包括如下几大类：功能回归、适配回归、无障碍回归、合作厂商测试等。

（1）功能回归

针对参与该版本集成的团队，提交集成的测试负责人需要针对提交的代码进行功能回归，以确保代码集成没有问题。版本经理打包完成后，会通过摩天轮工具平台一键通知所有参与集成的测试责任人开始进行回归测试，如图 5-11 所示。各测试责任人收到任务后，即在平台上更新当前的测试状态，并按照版本经理要求的时间完成测试，如图 5-12 所示。

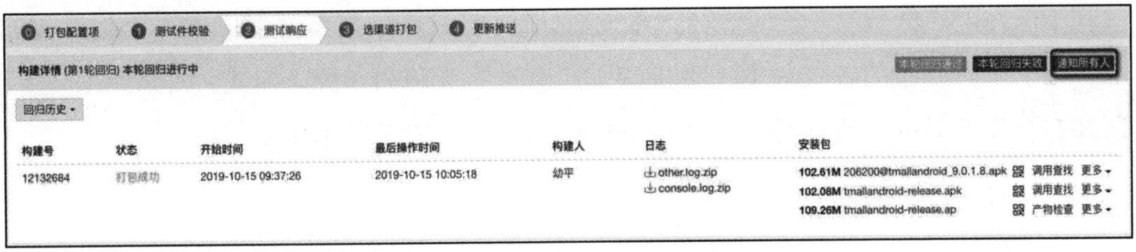

图 5-11　通知责任人回归测试

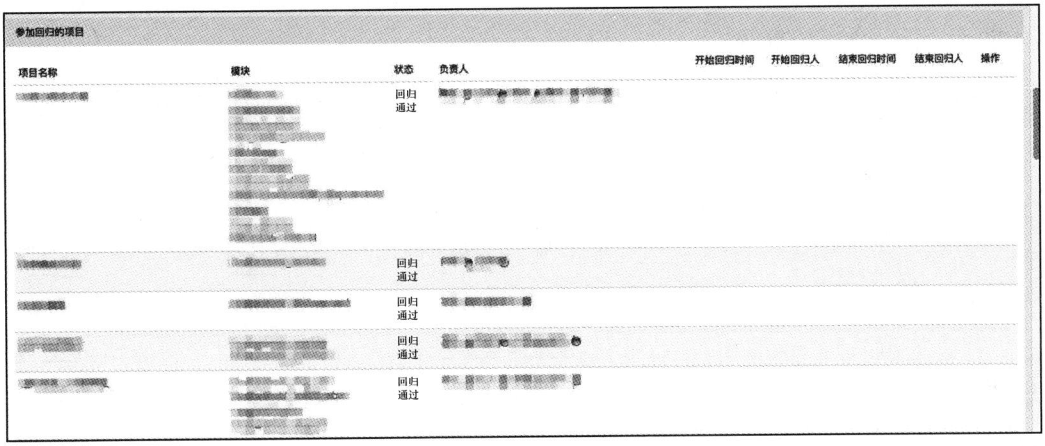

图 5-12　回归测试结果反馈

（2）适配回归

除了对参与版本集成的各业务模块进行回归测试之外，对于各个模块的重点用例，也要在发布之前进行验证，并且为了避免因机型不同而引发相关的适配问题，针对主流机型也要进行适配测试。版本经理打包完成后，即可在摩天轮平台创建适配回归任务，通知适配测试团队进行各机型的适配回归测试，如图 5-13 所示。适配回归完成后，由值班的测试负责人确认测试结果没有问题，才能开始进行版本发布。适配回归作为版本发布前最后一个大规模测试把关的环节，需要由专门的团队根据版本发布的节奏进行人工保障。

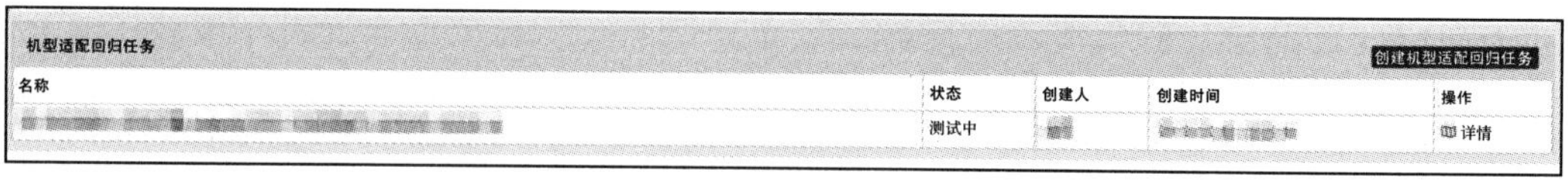

图 5-13　创建适配回归任务

（3）无障碍回归

对于每月发布的正式版本，手机淘宝还会进行无障碍（盲人模式）回归测试，并通知有合作关系的手机硬件、芯片厂商进行测试，以确保版本质量。

（4）合作厂商测试

除了上述手工测试之外，摩天轮平台还集成了一系列的自动测试能力。一个版本打包完成后，将自动触发这些测试、检查功能，包括静态扫描、包大小检查、随机测试、安全合规检查等。

上述所有测试结果全部确认好之后，该版本才能开始进行灰度发布。

5.2.5　紧急集成

紧急集成，顾名思义，是一种非正常的集成状态，通常指在集成区冻结后进行的集成操作。

紧急集成是预期之外的，通常是因为修复问题或开发测试时间紧张而错过集成窗口所致。由于紧急集成发生在集成窗口期之外，需要针对紧急集成内容进行额外测试，而这又会影响版本发布的节奏，带来额外的质量风险，因此在版本发布过程中会对紧急集成进行流程管控。

技术团队提交紧急集成会触发摩天轮平台内建的审批流程，集成申请会发送给值班版本经理，版本经理则根据当前版本的集成策略，加签对应测试负责人、团队负责人审批，以便控制整体版本的风险。

紧急集成后，版本经理会重新打包，通知参与集成的团队进行增量功能回归测试，并根据测试负责人的评估，通知适配回归团队进行相应范围的回归测试。

每个月发布正式版本之后，版本经理会统计整个版本周期内的紧急集成次数，以便反映整个研发、发版过程的质量。对于进行紧急集成的团队，会进行扣分处理。

5.2.6　灰度发布和监控

所有测试全部通过后，版本经理将操作该版本进行灰度发布。灰度发布的主要目的是在新版本全量发布给所有用户之前，使测试人员能够进行一定范围内的测试，收集用户的反馈信息，观测一些通过内部测试难以发现的问题（最常见的问题就是端上的崩溃问题），这些问题需要更加多样化的测试环境和海量的用户参与，只能通过灰度发布的方式来发现了。

为了控制灰度版本质量，避免灰度发布过程中出现大面积舆情或质量问题，灰度放量的过程需要严格管控，遵循由少到多逐渐放量、边放量边监控的原则。图 5-14 所示为一次灰度迭代放量的趋势。

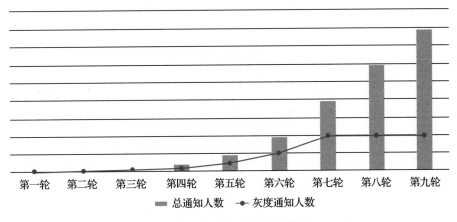

图 5-14　版本灰度放量趋势图

每个版本灰度发布开始时，版本经理将通过版本机器人通知值班人员及相关团队进行版本崩溃率及舆情的监控。对于该版本首现的崩溃问题，研发人员将会重点关注并及时跟进，以确保整体质量的稳定。对于用户反馈的问题，也要逐个确认。针对灰度发布过程中出现的问题，稳定性负责人与质量负责人会进行判别，如果在灰度发布的时候才发现有必须修复的问题，那么这个时候版本经理就要及时中断灰度发布，并紧急修复该问题，新增灰度版本来重新发起灰度发布。

阿里巴巴集团自研的魔兔工具平台可以实时监控各个版本的崩溃情况，如图 5-15 所示，可以对同类崩溃进行聚合分析，明确崩溃的首现版本、崩溃次数、崩溃量占比、历史趋势等。可以按照时间、版本等多个纬度对崩溃的相关数据进行对比，从而提供更多统计学维度的信息，帮助技术人员定位问题。该平台还可以进行订阅监控，以便在线上出现问题时及时发现并迅速解决。

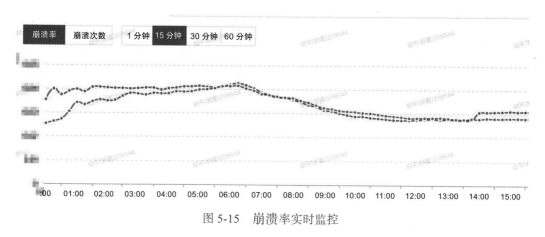

图 5-15   崩溃率实时监控

除了崩溃问题之外，也要及时确认和解决用户反馈的问题。魔兔平台首先会收集线上用户的反馈，然后通过算法聚合相似问题。如果出现短时间内舆情数量异常上涨的情况，或者某一问题出现明显聚类特征等情况，那么平台将发出警报，相关的研发人员将在第一时间进行处理。

对于灰度版本，由于升级的人数较少，反馈的问题可能不会触发平台的报警机制，因此对于灰度版本，通常采用人工监控的方式，在版本开始灰度发布的过程中，有专门的人员对舆情系统进行监控，以确认用户反馈的问题。

经过灰度验证，所有的重要问题全部解决之后，将进入正式版本发布阶段。在进行正式版本发布之前，需要值班测试经理给出版本质量报告，综合评判版本的质量是否可以发布。如果版本各项指标均达到了发布标准，那么经过质量负责人审批之后，版本可以提交渠道/应用市场，对外发布。

5.2.7   版本复盘

"复盘"原本是围棋术语，指的是对弈者下完一盘棋之后，重现对弈过程并且进行讨论和分析的过程。通过复盘，棋手能够看到全局自始至终的演变过程，从而找到更好的解法、提升自己的能力。复盘也是组织沉淀经验、改进不足的重要手段。通过复盘可以发现问题、总结经验、发掘机会、改善现状，为组织增添活力。

对于 App 发版工作，手机淘宝采取定期复盘的方式。每个月正式版本发出后，版本经理将组织相关团队针对本月版本发布过程中的问题进行复盘，通常在正式版本发布后一周左右召开版本复盘会。

在复盘之前，版本经理将收集该版本的质量数据，与之前的版本进行比较，衡量该版本的发布质量。

通常版本经理会通过以下几组数据来衡量版本的质量：崩溃率、舆情走势、性能指标、紧急集成比例、计划外版本数量、安装包大小等。

其中，崩溃率、舆情走势、性能指标可以直观地反馈用户对版本的感受，出现任何异常，都可能会导致失去用户的信任，造成用户流失。因此这些指标也是日常监控的重点，是度量版本质量的重要标准。其次，版本安装包的大小也可能导致在某些场景下（比如，低端机、非 Wi-Fi 环境等）用户失去对产品的信任，造成用户流失。

除去以上直接影响用户体验的指标之外，研发过程的数据也能够在一定程度上反映版本质量的趋势。紧急集成比例、计划外版本数量等指标，虽然不会对用户造成直接影响，但是如果不加以管控，也可能会导致研发质量失控，增加出现重大问题的风险。因此在度量版本研发质量的时候，这些指标也将是重要的参考，会在整个研发过程中进行管控。

通过分析版本质量及研发效能数据，可以明确整个版本期间的优缺点，对优点进行沉淀，改进工具平台，形成长效机制，对不足之处则要明确原因，加以改正，避免以后再次出现问题。例如，可以在摩天轮工具平台上增加各模块包大小卡口，对包大小进行控制；可以启动包大小削减专项，统筹梳理整个 App 中可以进行削减改进的模块，统一进行削减。为了避免人工统计数据带来的数据不准确、工作量大等问题，上述版本核心关注的问题均已经实现了系统自动收集统计。通过系统化、自动化核心数据的收集和分析，我们可以降低版本复盘的投入成本，提高团队复盘及定位问题的效率，促进团队自驱成长。

5.2.8　沟通保障

好的沟通机制可以让整个团队的工作效率更高。发布工作要面对开发、测试、产品、运营等形形色色的需要关注版本计划和进度的人员，涉及数十个团队，甚至包括其他 BU、其他事业群的团队，沟通工作复杂。如何让这些人员都能够及时获取他们所关注的信息，确保他们能够及时收到信息，是发布工作沟通管理首要解决的问题。

在淘宝天猫，依托邮件、钉钉群、钉钉机器人等，可以做到及时高效的沟通，如图 5-16 所示。对于大家都关注的版本计划、集成区开启、发布计划和状态更新等信息，可以使用邮件发送全员，以便于团队成员搜索查看。

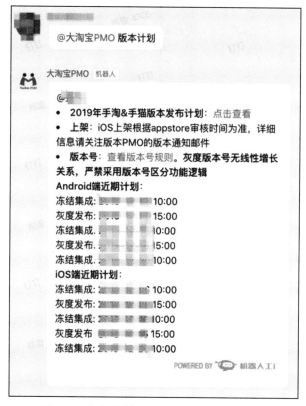

图 5-16　钉钉机器人——自动回复版本计划

针对项目组经常沟通的信息，可以依据沟通的内容建立不同的钉钉群，比如：稳定性保障群，专门用于沟通线上崩溃等问题；适配回归群，专门用于沟通适配回归的进度安排及问题确认等。

在这些长期使用的钉钉群中配置定制的钉钉机器人，辅助项目组的沟通。钉钉机器人可以自动应答一些常规问题，如版本计划、模块负责人信息等。

　　对于版本相关的进展和计划调整等，版本经理可以操作机器人后台，一次性群发消息到多个不同的群，实现消息的快速同步。比如，版本已经开始灰度发布，请大家注意进行线上监控；版本已经提交 App Store 审核等。另外，淘宝天猫的钉钉机器人已经对接了苹果后台系统，App 提审后的任何状态变化，都会第一时间在相应的群里进行提醒，这既减少了人工监控状态的工作，又便于整个团队及时了解审核状态，进行应对处理，如图 5-17 所示。

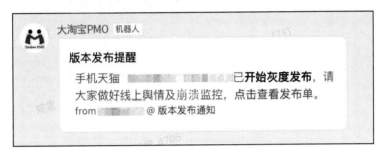

图 5-17　钉钉机器人——版本灰度发布通知

第 6 章

线上保障

　　线上保障是避免重大故障的有效手段，是拦截线上故障的最后一道屏障。经过多年的探索和尝试，有效的手段包括监控、快速恢复和攻防演练，这也是本章将要重点介绍的内容。监控是发现线上问题的最直接的途径，业务监控、系统监控、舆情监控以及用户投诉等共同构成了线上监控体系。监控和灰度发布相结合，可以减少故障的影响范围，是避免重大故障的首选方案。出现故障后的快速恢复手段，可以缩短故障的影响时间，服务端可选的快速恢复手段大家都已经比较熟悉了（如快速回滚、系统兜底、系统降级等），而客户端的恢复手段则还停留在热修复和重新发布一个 App 版本上，本章将主要介绍端上的一种快速恢复手段。我们的监控、快速恢复等手段是否有效，需要不断验证，而线上以突袭形式进行的攻防演练就是一种不错的选择。监控和灰度发布控制了故障的影响面，快速恢复控制了故障的影响时间，常态化攻防用于验收监控、灰度发布和快速恢复等手段。

6.1 监控和度量

文 / 彭鑫（公亮）

6.1.1 监控体系

监控一般包含两个方面，一是来自技术手段对应用级别和容器级别的系统监控，即通过对云端数据的监控，发现流量、吞吐率的突变并能及时有效地进行预警，比如，崩溃率突然上涨，用户注册或成交数据突然降低等。二是来自用户的声音，通过对用户的反馈进行聚类，找到问题并进行预警，这是对技术监控的一种补充，比如新上线功能的适配问题。

不管是基于稳定性的需要还是业务的需要，监控系统需要能够支持实时级或准实时级（秒级）的要求。在稳定性侧需要能够快速地发现并处理问题，让业务损失无限制地降低，在业务侧对业务数据进行高效、准确的监控是业务质量价值的有效保障，特别是运营类的大促项目。例如，大家耳熟能详的春节集五福活动，实时监控数据与业务库中的数据最终相同这一点将作为评价运营人员的一项指标。实时监控营销活动的情况，可以方便运营人员动态调整发券活动以及春晚福卡红包活动的节奏。

1. 系统监控

（1）系统监控指标

系统监控体系不仅仅是监控，还要结合规则进行告警，并自动触发预案系统对故障进行自我修复。监控的维度不仅包含对应用自身和容器宿主的监控，还要对上下游的传递依赖调用流量进行监控。当异常发生时，要及时预警到对应的业务团队，自动建立钉钉群，并将对应的值班人员、故障处理人员拉到钉钉群中进行快速响应和处理。当上升到故障等级时，或者达到一定的阈值后，系统也会触发预案系统，自动执行预案。

淘宝天猫常用的监控维度包含以下几个类别。

❑ **应用宿主的基础监控**

这是对应用所在的系统自身运作情况的监测，包括磁盘利用率、内测使用率、重传率、在用连接数、CPU 利用率、inode 利用率、load1、load5、load15 负载等。

❑ **流量类型的监控**

流量是反映产品当前状况最直观的数据，是衡量业务健康状态的指标，比如

QPS 和 TPS。当系统出现问题时，最终都会演化为流量的暴涨（比如上游的重试机制）或者暴跌（比如上游系统不可用）。此类监控由接口统一请求层进行监控，也可以由不同的业务单独打点，然后在集团的监控工具上汇总并监控。除了业务流量之外，在内部我们还需要关注中间件的流量，因为上游系统的很多问题都会对下游系统造成影响，比如 HSF。

❑ **RT 类型的监控**

RT（Response Time，响应时长）可作为系统性能优化的参考，RT 的毛刺和突然的变化通常会伴随着流量的激变，或者导致下游依赖出现问题，比如，对下游接口请求超时会导致整体的 RT 升高。

❑ **成功率和失败率的监控**

二者是常见的服务指标，包含总量、成功量、失败量、成功率等指标。一般来讲，成功率是要求达到 100% 的。当异常发生时，要结合失败量和日志一起排查问题。

❑ **自定义的监控**

只要编写符合相应输出格式的脚本，即可对采集上来的数据进行监控。

以上 5 种监控就是我们常用的监控指标，用于对监控体系进行建设，并沉淀成监控平台。经过内部的长期试用后，部分监控平台已应用到阿里云平台，如图 6-1 所示。

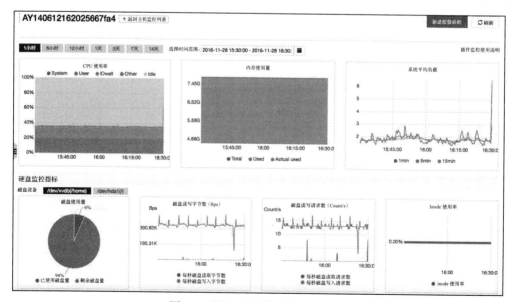

图 6-1　阿里云监控平台虚拟案例

（2）业务监控

对业务的监控，本质上也是对业务质量的监控。业务监控主要包括两个层面：一是传统系统监控的叠加影响，反馈上游接口或者系统带来的问题；二是业务自身的效果 A/B 测试、用户策略等调整带来的数据反馈，以便于施加新一轮的干涉和影响。因此，通过业务监控，我们能够较为清晰地看到整个业务的影响面，从而在发生故障的时候能够迅速地定级并进行处置，比如，降级方案、应急的运营方案，以及对应的用户安抚和舆情应对等。

业务监控最重要的是业务指标，以及相对应地向下级业务进行分解，这些都是非常必要的，也是业务监控的基础，除此之外还包括上文系统监控中提到的系统状态的筛选数据，比如业务日志、数据大屏和报警规则等。也就是说，业务监控的两个关键要素是业务指标数据和异常检测方法。

在淘宝天猫的交易场景中，核心的业务指标包括交易创建、付款申请和付款成功。在交易创建中，首先通过日志过滤交易创建接口的调用流量，然后按照秒级和分钟级分别进行统计，形成监控曲线和一系列的比值，最后通过计算出来的环比、同步数据再加上报警阈值进行有效的监控。一般来说，正常的业务行为同比数据的波动会高于环比数据，在报警阈值的配置上需要特别考虑这一点。

数据的波动不仅包括下跌异常，而且包括上涨异常。许多业务都有自己的重试机制，一旦一次请求失败，就会进行二次请求甚至多次请求，以保障接口的请求。在 App 端的设计上需要特别注意接口的自动重试机制，以避免服务端单点偶发问题而引发整个服务的崩溃。

业务的监控不仅能在后端进行，也能在前端进行。阿里云 ARMS（Application Realtime Monitoring Service，应用实时监控服务）就是一款应用性能管理产品（包含前端监控、应用监控和 Prometheus 监控三大子产品），涵盖了浏览器、小程序、App、分布式应用和容器环境等的性能管理，实现了全栈式的性能监控和端到端的全链路追踪诊断。从前端、应用到底层机器，ARMS 实时监控应用服务的每一次运行、每一个慢 SQL、每一个异常。ARMS 提供了完整的数据大盘监控，展示请求量、响应时间、FullGC 次数、慢 SQL 和异常次数、应用间调用次数与耗时等重要的关键指标，时刻了解应用程序的运行状况，从而确保向用户提供的是最优的使用体验。

2. 用户舆情

（1）用户舆情的重要性

随着互联网的迅速发展，用户群体越来越大，满足用户需求的产品迭代速度也越来越快。为了掌握用户对产品新功能或者改动点的接受度，收集用户在使用过程中遇到的问题，以及在诸如新浪微博等各种新媒体中的反馈，建立舆情的收集渠道是非常有必要的。

手机淘宝作为世界上用户量最大的购物应用，自然非常重视来自用户的声音。除了与各大应用市场建立渠道进行合作之外，还在 App 内建立了全局性的"用户反馈"入口。用户可以在表单中提交遇到的问题，并附带上传问题场景的截图。为了便于用户可以快捷地提交反馈，手机淘宝还实现了在 App 内截屏即可触发反馈的快速入口，如图 6-2 所示。

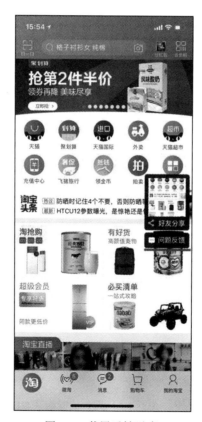

图 6-2　截屏反馈示意

　　我们鼓励用户在反馈时提供问题发生时的场景截图，因为截图往往更容易促使问题得到有效解决。App 屏幕面积有限，用户很少有意愿输入大量的文本来描述问题发生时的场景，最终各个业务方都能看到的信息并不足以推动问题的解决。截图能够有效地展示"案发"第一现场。比如，用户反馈"不能删除订单"的舆情就非常多，但是业务团队尝试了大量的场景都未能复现用户反馈的问题。当上传截图的功能上线之后，业务团队第一时间就知道了用户的场景，原来用户反馈的是"退款/售后"的订单不能删除。而不是订单不能删除，而且这个列表没有"删除"订单的功能入口。

　　除了解决用户反馈的问题之外，舆情同时也可用于业务线上运作情况的监控，以作为技术指标监控的补充，起到查漏补缺的作用。曾经，某个品牌的手机系统因为推送了 beta 版本升级，导致了手机淘宝中某个场景页面的错乱，当时技术域的监控尚未发出告警，而用户舆情就已经开始告警了。

（2）用户舆情的度量

　　既然舆情这么重要，那么如何才能让舆情发挥其价值呢（比如上文提到的舆情告警）？在实际的运用中，我们在整体和局部的使用场景中分别建立了指标，即万人舆情量和舆情绝对量。

　　万人舆情量是指每一万个 UV 中反馈的舆情总数量，该指标能从整体上衡量淘宝天猫承载的业务反馈量和技术反馈量，以及业务的变化趋势，以便于分析其背后的原因。为什么整体指标要与 UV 挂钩呢？因为淘宝天猫的营销活动比较多，UV 会随着活动力度的波动而有所波动，相应的舆情数据量也会发生波动，这样便能在波动一致性的大前提下进行数据分析和告警。

　　舆情绝对量是指在每一个业务上舆情的绝对数值，通过舆情绝对量，我们能在业务的细分维度上看到数据的波动，并发出对应的告警。将业务线、业务以及业务的关键词汇总之后，通过机器学习和算法可以对舆情进行分类和聚类，形成多个舆情列表，每一个列表中都包含了多条舆情，但描述的内容都是同一个问题或者事件。如果某个分类或者聚类在短时间内产生了大量的数据上升，也就是说舆情出现了大量爆发的情况，那么系统就会自动建立一条对应的处理工单并将告警信息发送给对应的测试人员，由测试人员验证后进行分发和流转。告警和故障是互通的，不同的舆情条数对应着不同的故障等级。如果舆情在一定的时间范围内未能及时响应，那么故障等级会上升。

另外，值得一提的是，舆情的组成绝大部分都是中性或者负面的，积极的、正面的舆情占比很少，这一点是符合用户使用习惯的。

（3）用户舆情的处理闭环机制

除了做到便捷的用户反馈、舆情的度量和分发之外，要想使用户的反馈得到快速处理，并及时将处理结果传达给用户，机制的保障是必不可少的。

在做机制保障时，为了减少人工的参与、降低问题的排查难度和时长，我们在已有功能的基础上增加了多维度数据分析功能，并打通了内部的多个平台，以提供快捷的数据分析和有效的舆情流转渠道。用户舆情的处理闭环机制主要包含如下三个部分（如图 6-3 所示）。

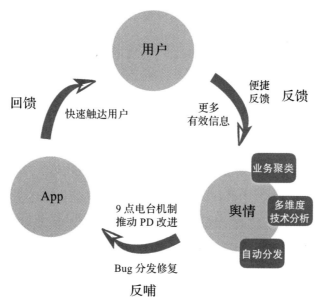

图 6-3　用户舆情处理机制示意

首先，与发布平台打通，结合发布记录、手机淘宝的版本、系统的版本信息等提供多维度的技术分析数据，以便于快速地排查问题出现的场景，或者问题发生的可能原因，缩短排查问题的时间。

其次，聚类之后的舆情分类完毕后，可根据舆情的类型分发到对应的平台，业务问题将自动流转到集团专业的业务处理平台，即"9点电台"，Bug 流转到缺陷处理平台，这两个平台以及相关团队的共同推进，能够形成合力快速推动问题的解决。

最后，增加用户问题的反馈渠道，让用户的体验变得更好，激励用户做出更多的反馈。系统接收到问题，会提醒用户问题已接手处理并对其表示感谢。问题解决之后，系统会将问题的处理结果反馈给用户，用户也会很方便地对处理结果给出"赞"或"踩"的反馈。

概括来说，用户可以通过 App 进行便捷地反馈，舆情系统可以通过加工处理分发到业务团队，并推动产品优化反哺 App，最终通过 App 将处理的结果反馈到用户。舆情机制的建立，可以形成内部的业务联动，这既可以提高问题快速发现、快速修复的能力，又可以提升用户的满意度。

6.1.2　问题处理机制

1. 问题分析

通过故障分析，我们可以发现故障处理各个环节存在的问题具有普遍性，具体表现如下。

- ❑ 故障发现：代码问题最难发现，监控发现的故障在发现时长和恢复时长上比人工上报的故障都要短很多。
- ❑ 故障定位：47% 的故障恢复不依赖根因定位。需要定位到根因的故障中，发布是最常用的恢复手段。在根因尚不明确的时候，回滚是一种比较有效的恢复手段。代码、配置格式和网络设备问题占据了需要定位到根因才能解决的故障的主要部分。
- ❑ 故障恢复：从恢复速度的角度来看，隔离或重启快于回滚、快于扩容和限流。系统恢复后，应用的恢复时间普遍较长，业务如果能够在系统恢复后就快速自愈，甚至能够与系统解耦，那么其对于故障的减少将会产生很大的帮助。执行变更时需要密切关注系统及业务指标的故障，平均恢复时长约为 2 分钟，这一点对于迅速恢复因发布而导致的故障有很大的帮助。
- ❑ 发布效率：存在节假日及周末上线慢的问题。依赖技术上线执行恢复操作的故障平均恢复时长约为 9 分钟，未来在发生故障时，我们可以针对故障类型，根据恢复速度为技术人员推荐恢复措施，优先考虑切流、隔离、切离线等措施，这些都将有助于快速恢复。

图 6-4 所示为故障问题的占比分析。由图 6-4 可知，技术缺陷和功能 Bug 引发的故障占比 60%，需要通过演练、压测来发现。在进行故障分析的过程中，我们发现了一个比较有意思的现象：代码中由于标点错误等格式类问题而引发的故障也比较普遍。此类问题虽然已经通过工具解决了大部分，但还是存在一些逻辑相关的编码问题。针对以上问题，阿里巴巴集团成立了专门的安全生产小组进行治理，并推动各业务部门成立对应的虚拟小组，一起推进核心系统在异常链路、面向失败、快速恢复等部分进行大力投入，同时，安全生产团队也要协助演练验收和卡点。

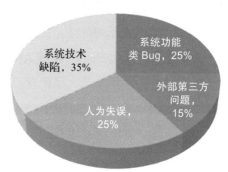

图 6-4　故障问题占比分析图

2. 应急处理

随着安全生产工作的不断深入，集团在故障处理机制上提出了 1-5-10 的目标，即要做到 1 分钟发现故障、5 分钟定位问题、10 分钟解决故障。要想在 1 分钟内发现故障，那么体系健全的监控平台将是非常重要的。监控平台提供了 4 个维度的能力：监控的及时性、有效的监控指标、监控的数据处理、多个监控平台的整合。要想在 5 分钟内定位问题，在异常链路、面向失败、快速恢复等方面就需要大力投入，同时，安全生产团队也要协助演练验收和卡点。10 分钟故障快速恢复能力是系统性的建设，可以通过自动切换、自动回滚、自动回退、自动降级等手段，将损失降到最低。

在故障处理机制上，我们建立了通用的 SOP，以保障故障发生时能采取有序且有效的应对机制，降低影响面。应急处理主要包含如下内容。

1）收到故障告警的接口人立即召集团队的相关人员上线，如果是白天就集中办公。

2）参与故障处理的相关人员可分成 3 类角色，第 1 类负责快速恢复，第 2 类负责排查，第 3 类负责信息同步，其中快速恢复负责人需要 2 人以上。这里需要重点关注快速恢复负责人和信息同步负责人的操作。

3）快速恢复负责人上线后分 3 路执行止血操作，第 1 路是重启和扩容，第 2 路是回滚，第 3 路是检查上下游依赖。

4）3 路止血操作具体说明如下。

第一路，重启与扩容：如果流量远小于集群容量，那么直接开始分批重启机器，重启成功的机器上若恢复了故障问题，则在保证容量的前提下对剩余的机器做下线处理；如果流量大于集群容量，或者是遇到对流量敏感的故障，则先执行限流预案，再执行分批重启，同时进行扩容操作。

第二路，回滚：快速恢复负责人员通过变更管控系统检查 2 小时以内是否有应用发布或配置变更的操作，如果有则立即停止正在进行中的发布和变更，并且进行回滚。

第三路，上下游依赖：快速恢复负责人员检查上游来源、下游依赖、数据库、网络与磁盘等，一旦发现是应用以外的问题，就立即截图发送给对应的接口人，并加入故障处理群。截图信息需要包含 3 个要素，即时间、地点（应用与容器）、错误（栈信息、流量统计等）。

5）第 3）步中列举的 3 种措施中，任意一种如果能令业务指标恢复，就是达到了目标，可以为其他相关人员排查和根治故障争取到时间。

6）负责信息同步的工作人员在整个恢复过程中，一方面需要向安全生产团队、业务方、高层通报故障处理的进展，以及所需要的支持；另一方面，在其他团队的相关人员加入排查时，需要向其同步信息，以帮助大家快速进入状态。

7）故障恢复后，还要持续地进行复盘和改进。

总之，通过持续的监控体系建设，并建立线上故障应急处理流程，可以保障极致的用户体验。

6.2 淘宝数与控

文 / 王晓丹（竹音）

2018 年以来，集团安全生产形势严峻。集团层面成立了安全生产小组。淘宝天猫成立了大淘宝技术安全生产小组。随着团队规模的不断壮大、业务越来越复杂，变更管控的范围和策略也在不断地进行调整和优化。本节介绍如何在"管控"与"效率"之间寻找平衡点，如何通过"数据度量"来持续推动改进。

6.2.1　梳理现状，挖问题

在大淘宝技术部最初第一版变更管控规范之前，我们首先对大淘宝技术部当时使用的变更平台和变更操作进行了摸底，情况不容乐观。据不完全统计，仅大淘宝技术部使用的变更平台就多达几十个，这体现出了变更的严峻现状：变更频繁、发布平台多、测试验证和灰度验证管控不足（如图 6-5 所示，其中的数据涉及公司机密，已打码处理）。那么如何才能有效地控制这些风险呢？

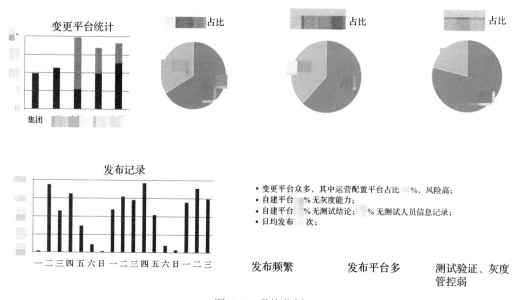

图 6-5　现状分析

6.2.2　有效管控，定策略

- ❑ 从意识上，从行动上，明确变更的基本原则，把控住大的风险点。
- ❑ 保障规范流程的有效落地执行，光靠线下约定无法持续，所以需要加速线上卡口。
- ❑ 工具平台建设上，抓住核心矛盾，持续完善灰度能力。

□ 通过过程的数据度量、数据运营来持续地推动各团队的自改进。

□ 通过故障深入复盘，从个案中吸取经验，反哺规范、平台进行持续优化。

在全局策略落地的过程中，还有两大非常关键的保障，即组织保障和文化宣导，下面就对这两个保障进行详细说明。

□ 在大淘宝技术部落地安全生产的一系列的规范、工具平台建设，都离不开自上而下的决心，上到大淘宝技术部 CTO、下到团队的一线 TL，各级负责人都需要有足够的决心来平衡安全生产和效率的关系。同时，大淘宝技术部安全生产小组、各业务团队的安全生产小组，也需要打好配合，充分地传达思想。

□ 在宣传贯彻规范时，首先要尽可能地获取大家对于管控的认同感，所有的规范和工具建设都是为了保护一线小二，让其更好地工作，降低风险。同时，我们也要思考如下问题：这些规范和工具建设对于技术是不是也提出了新的要求？如何在控制变更次数的同时，通过技术架构的设计更好地支持业务的快速迭代？新的困难同时也带来了新的挑战和新的机遇，如图 6-6 所示。

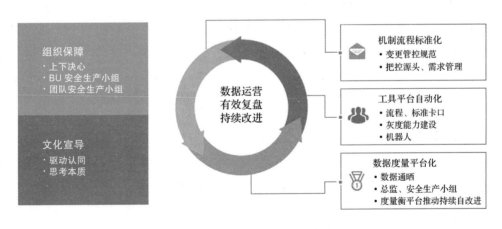

图 6-6　安全管控整体落地策略

1. 不断优化的流程规范

我们先后经历了变更管控规范 1.0～4.0，核心都是围绕"变更有计划、变更守规范、变更平台可管控"来不断进行优化的。管控规范 2.0 的优化背景重点强调了"双人操作"，明确了变更前、中、后双重检查的双人职责和分工，并进一步明确定义了变更管控的范围。

正在持续进行的管控规范 4.0，重点结合近半年集团、大淘宝技术部发生的一些典型故障，从中总结经验教训，进一步细化规范的内容，细化的部分具体说明如下。

1）代码评审人员的要求，强调核心应用需要负责人审核。

2）灰度发布时长区分核心、非核心应用。

3）核心应用必须分批停止观察，同时明确不同重要等级应用的分批批次和观察时长。

4）对于外包的管控也进行了进一步的说明，首先是收口权限，同时在收口前通过代码审核和测试验收来控制风险。

5）针对有可能引起风险的"借调 / 共建""集团公共基础设施升级"提出了比较明确的流程要求，其核心是对于与外部的借调共建，在合作初期，大家就要约定好明确的分工和职责；集团公共基础设施的升级，必须由安全生产小组负责人统一收口，以及牵头评估风险、安排相应的升级计划，将风险控制到最低。

2. 加速线上卡口，降低人工成本

流程在一定程度上会增加一线工作人员的变更成本（在落地初期需要通过邮件审批各种规范）。为了尽可能地降低流程成本，必须加速线上卡口的速度，加强大淘宝技术部与变更管控平台团队的合作。当前已将 95% 的线下规范落实到了线上卡口。

3. 灰度能力建设

要求各发布平台都具备灰度能力，尤其是关注运营配置平台上运营配置发布权限的合理性，比如，运营具有升级模块的权限是要回收的。

4. 数据透明，驱动改进

大淘宝技术部在整个规范和管控过程中，会充分利用多维度的度量，使问题和风险透明化，以帮助团队清楚掌握每个人在哪个环节可能会存在的问题和风险。关于度量的维度有很多，下面就来详细介绍其中几种维度。

（1）稳定性分

从 2018 年 12 月开始，阿里巴巴集团推出了稳定性分的多维度数据指标，这些

指标都是根据业务全生命周期，从故障提前预防、快速发现、快速恢复、持续改进等维度来制定的，对我们具有很好的对标意义，如图 6-7 所示。这些指标也是我们持续重点推进的改进内容，通过数据来衡量我们所做的改进效果，可以很清晰地展示各个团队的情况。大淘宝技术部针对各个指标明确了专项负责人，我们会在安全生产小组周会中定期晒数据，针对薄弱项，团队逐层进行拆解，并有效定位，以找到改进负责人。

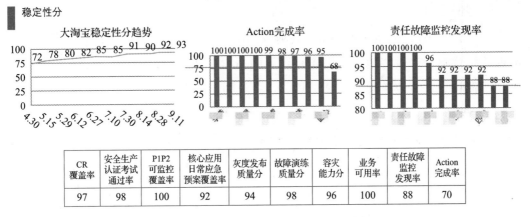

CR 覆盖率	安全生产 认证考试 通过率	P1P2 可监控 覆盖率	核心应用 日常应急 预案覆盖率	灰度发布 质量分	故障演练 质量分	容灾 能力分	业务 可用率	责任故障 监控 发现率	Action 完成率
97	98	100	92	94	98	96	100	88	70

图 6-7　稳定性分统计分析

（2）灰度发布时长

大淘宝技术部一直定期产出灰度发布时长的相关数据，以帮助团队负责人清楚掌握当前核心应用灰度发布时长的情况，从而推动观察灰度发布时长工作的落地，如图 6-8 所示。

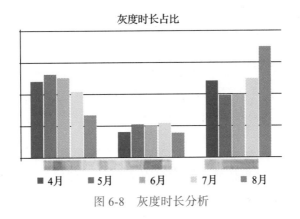

图 6-8　灰度时长分析

（3）紧急发布数据

各个团队、子团队或个人的紧急变更占比情况都会在不同的渠道透明展示，公司内四个主要变更平台的发布详细数据，目前已经通过平台透明化，以便能更有效地帮助各个团队自行改进。

除此之外，还有很多度量维度，我们需要不断地从问题入手，挖掘度量指标，帮助团队发现问题、找到问题并解决问题。

5. 组织保障

除了正式 BU 的安全生产小组、各业务团队的安全生产小组之外，为了保证规范能够持续优化、有效落地，我们还有线下的小小三人组，如图 6-9 所示，其中包含 PMO、测试，还有业务线的 VIP 用户。业务线的工作人员都有很好的敏感度，会将他们看到的问题、在团队中实施的安全生产相关的有效策略反馈给三人组，以便在全局中可以更好地改进问题和落地相关策略。

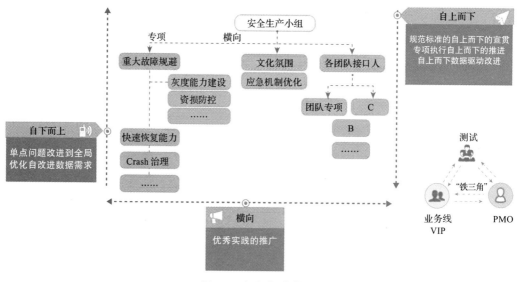

图 6-9　组织保障策略

6.2.3　面对问题，以人为本

安全生产的一系列管控措施，肯定会有人对此不理解、不认同，这些都是预料之中的，切忌强硬面对，要进行有效沟通。

1. 说清楚原因

为什么要做这些管控呢？首先是为了保护一线小二，使变更更安全，避免由于一些基本操作的缺失而导致的线上问题。其次，安全生产和效率本身就是一个平衡的两端，需要与大家一起寻找这个平衡。

2. 了解诉求，以人为本

如果小二的痛点是流程操作成本高，那么我们需要及时帮助大家降低这个成本，比如，线上自动化卡口、自动提单、值班长一键审批等。某变更平台曾经在预发和线上分别设有审批流，后来通过沟通去掉了预发审批流的明确计划。这里需要强调的一点是，认真对待每一个反馈过来的问题和困难，可以有效帮助解决相关人员的问题和疑惑。

6.2.4　安全生产小组落实专项

除了变更管控之外，安全生产小组也在持续落实一些有效专项，如图 6-10 所示。

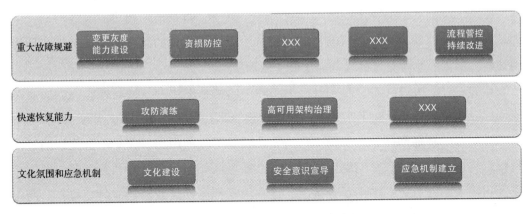

图 6-10　安全生产小组专项规划

6.2.5　小结

经过一系列的治理，大淘宝（淘宝、天猫、村淘、闲鱼）的故障情况得到了有效的控制：不到 1 年的时间，故障数收敛 60%，故障分收敛 75%。大淘宝技术部凭此故障分收敛维度成就荣获了阿里巴巴集团安全生产伏波奖。

大淘宝技术部在阿里巴巴集团内是比较成体系的，后面还会持续进行优化，并且推广到全集团。作为这么大体量的一个 BU，安全生产的工作还有很多很多，需要持续推动以提升大家安全生产的意识，让大家明白安全生产要做在日常、重在细节、人人有责。

6.3　高效修复

文 / 李龙（查郁）

2013 年双 11 前夕，我们需要解决一个非常紧急的崩溃问题，否则用户在 11 月 11 日打开手机淘宝时会大概率出现崩溃。当时已经临近大促，而线上又没有任何的修复手段，只能准备新的修复版本重新发布。但即便如此，也不能保证所有用户都及时更新。这次事件不啻一记警钟，也因此促使了端侧运维能力的尽快完善。

6.3.1　线上运维的意义

首先，对于发布的客户端版本，我们需要第一时间收集到用户的有效反馈，例如，崩溃问题收集，因为在灰度发布或测试阶段难以发现的问题会在线上生产环境中暴露出来，因此需要通过线上及反馈渠道来发现。

其次，对于用户反馈，需要通过不同的手段来帮助用户解决问题。一方面非功能问题会被记录在案，在未来的产品设计中逐步进行改善，为用户提供更好的体验；另一方面对于功能问题，需要马上解决，尤其是严重的闪退、交易主链路缺陷等会直接影响用户交易的致命问题。如果是升级新版 App，存在研发和测试回归周期长以及用户下载升级包意愿不足等挑战，这些因素都会导致故障修复时长拉长。所以我们需要具备用户在线时的热修复能力，即通过发布少量代码来修复线上问题，实现更快、更高效的端侧运维。

在这样的背景下，基于 Xposed 的第一版线上运维热修复 SDK 应运而生。

6.3.2　手机淘宝线上运维演进

随着 Android 系统的不断升级，大淘宝热修复方案正在向着生效率高、适配成本低、稳定性优良的目标不断演进（如图 6-11 所示），并诞生了目前最新的 InstantPatch 方案。

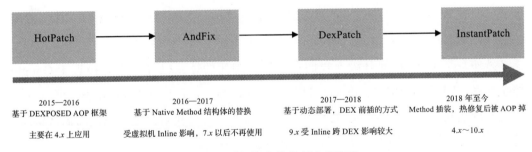

图 6-11　手机淘宝热修复方案演进

6.3.3　历史热修复方案存在的问题

历史热修复方案存在的问题具体如下。

第一，随着 OPPO、vivo、小米厂商大力推进 OTA 升级，Android 9+ 设备数量越来越多，原有的手机淘宝 DexPatch 修复方案在新的系统上存在兼容性问题。

第二，原有热修复方案依赖于端侧的大量计算，对于手机淘宝这样体量的 App，部分低端机甚至需要 1～2 分钟执行代码合并产生热修复，即便二次启动后，热修复完全生效也需要数百毫秒的时间，这对手机淘宝的性能产生了极大的损耗。

第三，由于原有热修复技术对内存消耗很大，而且 4.x 系统受线性内存限制，已无法继续产生热修复下发以及动态部署。

第四，三方兼容性问题不断出现，有 Xposed 框架导致 DexPatch 的崩溃，有三方 VirtualApp 双开导致的大量崩溃，在端侧只能不断避开这些设备不做热修复，因此热修复的生效率受到了影响。

随着手机淘宝现有用户量的不断增长，即便是 0.01% 的失败率，也意味着大量用户影响无法消除和修复，新热修复方案需要解决以上问题。

6.3.4　为什么是 InstantPatch

首先，受手机淘宝环境影响，在编译阶段，目前尚未完全去除 Atlas，因此我们需要支持 Bundle 环境。此外，手机淘宝的编译环境远比外部各个小 App 复杂得多，我们的策略是尽量向原生态靠近。

其次，通过了解可以得知，Robust 和 QuickPatch 都是通过 ASM 或者 Javassist 实现自己插桩，从开源的反馈情况来看，其中存在着各种 Bug，主动权仍然在他人手上，一旦出现问题，风险以及问题的修复都不可控。无数经验告诉我们，自己掌握核心代码才是王道。

另外，基于 Atlas 的升级，我们自己研发构建的体系已经越来越接近于 Google 原生体系。对于整个构建，我们有自己清晰的认知，通过一些 hook 方法，可以更灵活地实现适用于手机淘宝自己的热修复，并且可以完全利用原生态稳定的插桩策略，后续也可以最小成本跟随升级 Gradle、Plugin、SDK 等。

而且，我们支持了阿里巴巴集团特有的功能，比如 Java8、D8、R8 和集团的 ARouter 等优秀的编译。

从表 6-1 中我们可以看出，手机淘宝 InstantPatch 不管是稳定性情况、生效率情况，还是在对修改的支持粒度上都是最佳的。

表 6-1　业界方案对比

	DexPatch	Tinker	Robust	QuickPatch	InstantPatch
兼容性	4.x~8.x	4.x~8.x	4.x~9.x	4.x~9.x	4.x~10.x
注入方式	无	无	Javassist+Smali	Javassist	ASM
性能损耗	很严重	很严重	轻微	轻微	轻微
支持范围	除启动相关 class	除启动相关 class	不支持 init，call super	不支持 init，Native call super	均支持
稳定性	高	高	不高	不高	高
包大小	无影响	无影响	较小	较小	极小
新增类	支持	支持	未知	未知	支持
支持静态函数	支持	支持	支持	不支持	支持
多进程	支持	支持	不支持	不支持	支持
新增方法支持	支持	支持	支持	支持	支持
成功率	95% 以上	95% 以上	99% 以上	99% 以上	99% 以上

6.3.5　优化与改进

在一连串的优化与改进下，手机淘宝已经与发布平台进行了对接，支持回滚、下线等功能，有效地解决了热修复所导致的线上大量崩溃问题。目前新的 Instant-Patch 在集团内部已经成为最受推崇的热修复方案，在 2019 双 11 大促活动中也修复了很多高风险的线上问题，经受了亿级体量的大促考验，成功率在 99% 以上。

6.4 攻防演练：系统健壮性的探测仪

文 / 徐冬晨（鸯伽）

随着软件部署规模的扩大和系统功能的细化，系统间的耦合度和链路的复杂度也在不断增加。当某个或某几个系统出现问题时，会影响哪些业务、实际影响到底有多大，在真实故障发生之前没有人能够准确地评估出来，而真实故障所付出的成本是业务所不能接受的。淘宝需要一个低成本且可以验收系统稳定性的方案。

大淘宝技术部在稳定性治理过程中启动了各种专项，比如，重大故障监控率、预案、灰度发布、启动时间治理、架构风险识别等专项。这些专项在推动过程中缺少驱动力和故障前的有效性验收环节，进度和效果一直不如人意。常态化的攻防演练可以促进专项的快速落地，并完成故障前的有效性验收。

攻防演练可以有效地解决上述两个问题，大淘宝技术部在此起到了稳定性保障之矛的作用。

6.4.1 淘宝攻防演练的演进

1. 从破坏性演练开始

到 2020 年，大淘宝技术部开展破坏性演练已有 5 个年头。从开始到现在，这个专项在大淘宝技术部一直是由两部分组成的：依赖检测和破坏性演练。

先来介绍依赖检测的发展历程。2016 年大淘宝技术部正式确定设置该专项，我们经历了手工梳理链路、凭经验确定依赖关系的鸿蒙时期，到 2017 年的自动梳理链路 + 接口级别（主要是读接口）自动确认依赖关系的半自动化时期，到 2018 年的写接口自动确认依赖关系的失败尝试，再到 2019 年突破自我第一次统一读写接口判断逻辑，真正实现依赖梳理和关系判定的自动化，并根据依赖数据自动进行风险识别，从而让依赖检测的价值发挥到最大。

再来说说破坏性演练的发展历程。这个专项与依赖检测一样，于 2016 年在淘系技术部正式确立，当年我们花费了很大的精力向各个业务方解释做这件事情的目的和意义并收集各方需求，最终只上报了 1 个破坏性演练场景。当年无论是工具支撑还是场景梳理都处于起步阶段，存在故障注入慢、场景少、需要系统重启和改动等问题。2017 年，我们与集团中间件团队合作，为破坏性演练平台更换底座——基于 JVM-Sandbox 实现故障实时注入和撤销，丰富了演练场景，提升了演练速度。淘系技术部将写接口的弱依赖纳入演练场景中。此时的破坏性演练还只能在双 11 大促之前进行，攻击场景个数达到了十几个，场景数远少于系统数量，演练场景依然比较少。

2. 演进到攻防演练

大淘宝技术部线上出现故障时，有 1-5-10 的要求，即故障发生后，1 分钟发现，5 分钟响应，10 分钟灰度发布。为了达到这个目标，必须要保持研发队伍对故障的敏感度，尽可能真实的、在可接受成本的情况下模拟故障发生，持续检查开发对故障的处理能力。

2019 年，大淘宝技术部将故障演练升级为攻防演练——以战养兵、借事修人，在锻炼系统的同时锻炼人，提炼方法，沉淀 SOP，提高故障应对和恢复的速度。攻防演练是以突袭的攻防形式，将破坏性演练日常化。与单纯的破坏性演练相比，攻防演练更能检验开发的应急速度和应急能力，从而熟悉和优化大促故障的应急流程。

在一个月的攻防演练之后，我们发现了两个问题，具体说明如下。

- ❑ 攻击方：整个攻防演练缺少攻击场景的持续输出。将已知的十几个场景演练完后，攻击场景就没有了。
- ❑ 防守方：太注重攻击了，缺少对演练中发现问题的治理和能力输出。监控过滥或缺失、没有快速响应机制、定位和快速恢复的方案和能力参差不齐。

从淘宝天猫的稳定性出发，攻防演练需要进一步升级和优化。

3. 升级到攻守并重的攻守道

从稳定性的角度出发，我们不仅要不断地挖掘系统的弱点，而且还要增加防守方的监控治理、能力培养和应急机制的建立。攻防演练升级为攻守道，以攻击为手段，全量梳理和验收监控、响应、定位和快速恢复的方案和能力，并实现从人工手动操作到自动化操作的演进。最后通过复盘发现架构的弱点，以技术手段不断提升系统的稳定性。将依赖检测升级为风险识别，自动识别架构风险，并将其转化成攻击场景，为攻击提供弹药。

6.4.2　攻守道面临的问题

攻守道面临的第一个问题是核心系统多。淘宝天猫的核心系统有几百个,以淘宝天猫之前的攻防实践来看,传统的攻击平台每攻击 4 个应用需要耗时 4~5 个小时。攻防要保持至少每月 1 次的频率才能确保常练常新。那么,如何在一个月的时间内覆盖大部分的应用呢?这是摆在攻守道面前最大的难题。攻守道面临的第二个问题是如何预防故障。攻防不仅要模拟之前的故障,更要做好预防,提前发现系统的弱点,以攻击为手段,推动系统和架构升级。那么,如何提前且高质量地识别系统中存在的风险和弱点呢?

6.4.3　解法尝试和初探

1.高效的泛化攻击

首先我们需要明确一个概念,泛化攻击不代表防守难度低,这里的"泛"是指每次攻击的辐射面广。

泛化攻击是指对具有同一种风险或弱点的应用,在短时间内,集中攻击并生效。这有点类似于全国统一考试,在同一个时间大家一起进考场,解答同一份试卷。泛化攻击不仅可以最大限度地提升攻击效率,而且可以最大限度地保障防守积分的公平性。

泛化攻击的效率比传统的攻击方式高出了 10 倍左右。从大淘宝技术部之前的经验来看,对于传统攻击方式,1 个应用攻击 1 个场景,平均占用 2 个蓝军 4 个小时的工作时间。而泛化攻击的效率可以提升到 10~40 个应用攻击同 1 个场景,平均占用 2 个蓝军 4 个小时的工作时间。攻击效率的提升是攻防能够日常化的必要条件。

泛化攻击可以集中开发人员的智慧、针对不同应用的特点总结出防守的最佳方案和实践。同一个攻击场景攻击不同的应用,由于架构、机器资源、业务类型、人员和其他一些可变因素的不同,会触发不同的防守策略,也会遇到不同的"坑"。采用集中复盘的方式,不仅总结的防守经验会更全面,而且某一个人遇到的"坑"也可以通过最快、最直接的形式同步给其他人。

2.邀请不同业务域的架构师进行精准攻击

邀请不同业务域的架构师对架构设计、系统稳定性进行分析、诊断,可以发现系统的弱点和风险,进行精准攻击,提前发现、暴露、治理弱点,避免线上故障,提升系统稳定性。

　　精准攻击从诊断、识别到攻击需要消耗 1 周的时间，这样的投入成本，一定会将利益最大化。将架构师的诊断和识别过程作为风险识别系统的专家规则，由风险识别系统自动、持续扫描大淘宝技术部的全量系统，具有风险的系统将成为泛化攻击的目标。第一批录入风险识别系统的专家规则就是以依赖检测为基础的依赖风险。下面就以实例的方式来介绍依赖风险中的一种——强弱依赖不合理风险。

6.4.4　实例介绍

　　本节以强弱依赖不合理风险为例，详细介绍如何从一次精准攻击转化为风险自动识别，再转化为泛化攻击。

1. 精准攻击的专家经验

　　核心系统强依赖一个非核心系统。分布式系统之间的调用关系错综复杂，核心系统与非核心系统之间相互依赖。核心系统通常具有较高的可用性要求，一旦出现故障，影响将更为严重。而非核心系统的可用性要求比核心系统低，故障的影响也较小。如果不对核心系统做强弱依赖梳理，很容易出现核心系统强依赖非核心系统的情况，从而导致可用性降低，故障影响面被放大。

（1）典型案例

　　某电商 App 的商品详情（核心系统）强依赖评价中心，某次评价中心（非核心系统）出现 OOM（内存溢出），导致商品详情页面无法访问，最终引发交易下跌故障。

（2）解决办法

- ❑ 梳理系统所有业务上的强弱依赖，确认其是否合理。
- ❑ 对业务上的弱依赖做好故障隔离。
- ❑ 对业务上的强依赖同样也需要做好故障隔离，在中断业务流程的同时也要友好提示用户，做到无系统层面的强依赖。

2. 专家经验转成风险自动识别

　　判断依赖是否合理需要先做依赖检测，依赖检测是应用负责人了解和认识应用的起点，也是应用架构风险识别的基础。大淘宝技术部在 2019 年双 11 的大促活动中，不仅实现了单应用接口级别依赖梳理和检测的自动化、无感化，而且在依赖检测的基础上，实现了应用架构风险的自动检测，如图 6-12 所示。

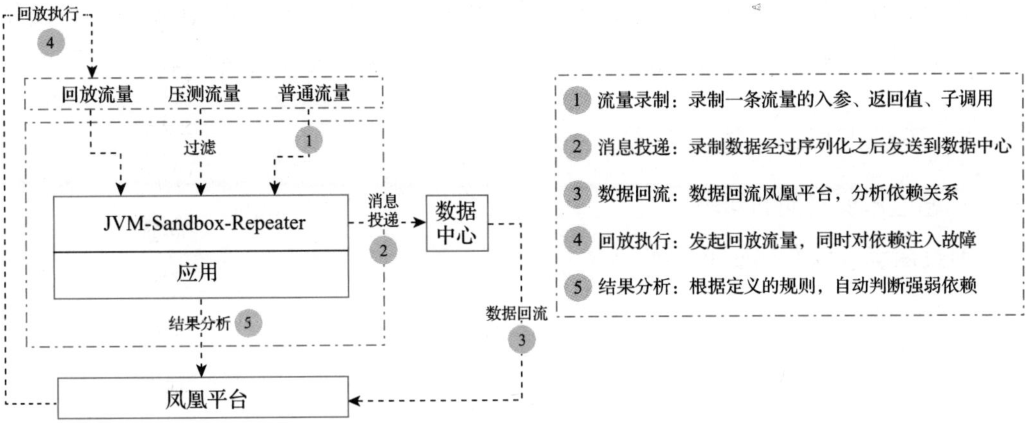

图 6-12 应用架构风险自动检测

（1）强弱依赖的定义

☐ 业务强依赖。当依赖项表现异常（挂掉、超时、抛出异常）时，被测系统能够捕获异常，中断流程，并给出友好提示，这种依赖称为业务强依赖。（例如，下调模块调用预约模块异常时会阻断下单。）

☐ 业务弱依赖。当依赖项表现异常（挂掉、超时、抛出异常）时，被测系统能够捕获异常，继续往下执行而不影响流程，这种依赖称为业务弱依赖。（此类依赖项在大促的时候往往都有降级措施，例如，在大促的时候支付成功页面不会显示收货地址，这就是将查询收货地址降级了的效果。）

（2）检测内容

☐ 梳理接口级对外的所有依赖，并标记调用比例，方便开发人员了解系统，这也是后续风险识别的基础数据。

☐ 确定对外依赖是强依赖还是弱依赖。

☐ 根据应用定级判定是否存在核心系统强依赖非核心系统的情况。

（3）依赖检测方案

☐ 以线上数据采集、Mock 回放、故障注入为基础。

☐ 配合数据筛选、智能推荐来精简数据。

☐ 根据分层判断规则，自动确认强弱依赖关系。

3. 风险变攻击

将扫描出来的依赖不合理的系统和对外依赖信息同步到泛化攻击平台，由泛化攻击平台对该依赖注入超时或抛出异常的故障，系统无法通过降级恢复服务。

6.4.5　不仅仅是攻击的攻守道

1. 通过演练发现的问题

通过演练可以发现如下问题。

- ❑ 无监控。
- ❑ 有监控无预警。
- ❑ 定位慢。
- ❑ 缺少应急预案。
- ❑ 对平台不了解，恢复慢。
- ❑ 恢复依赖平台，没有自愈能力。

2. 以攻击为手段推动防守升级

攻防作为安全生产的重要组成部分，攻击并不是目的，击败防守方也不是目的，加快应急处理速度，提升系统稳定性，才是我们的终极目标，而攻击只是推动的一种手段。所以在进行攻击的同时，我们需要不断与业务测试人员、开发人员和安全生产团队一起推动攻防演练的落地。

1）监控预警。推动开发人员完成故障场景梳理，审核监控是否配置、预警是否合理、监控是否推送到了安全生产团队。

2）日常应急预案梳理和持续化保障。

3）常态化应急训练，提升应急意识。

4）总结和公布常见故障的快速恢复和定位经验。

5）发现系统弱点并推动架构升级。

6.4.6　取得的成果

通过风险识别，我们可以提前发现几十个线上风险，并通过攻防的手段进行验证，在其成为故障之前及时解决。

第 7 章

淘宝交付项目管理案例

在阿里巴巴集团内，项目制的文化浓厚，经常需要跨 BU 协同管理，事事以结果为导向。组织内专职的 PMO 一直采取精兵政策，人少精干，一般只针对战役项目和重点项目投入专职专业人员来做保障，其他日常项目则会通过赋能的方式来保障项目的高效交付。

对于战役项目，我们会通过特别的管理体系来运作，包括战略分析、战役启动、过程监控、战役复盘收尾，确保集团战略落地。对于重点项目，我们会细分不同的管理方式，本章挑选了几个经典的重点项目作为代表，既有电商重点业务项目，也有探索型、创新型项目。

对于日常项目，我们会设计整体 BU 的流程、项目管理体系和 PM 培训，以进行赋能，建立统一的立项结项、项目管理体系和平台来强化流程管控，提供丰富的项目管理培训课程，沉淀和管理文档，让一线产品经理、技术经理可以自主高效地管理项目，最终保证整个淘宝的项目可控，以达成目标。

7.1 战役项目管理体系

文 / 张孙恩（劲天）

2019 年新零售事业群启动了战役项目的项目管理。战役可以理解为事业群重点的大型项目集，多个子战役统一管理的目的是确保事业群所有战役都能顺利达成目标、取得成果。我们打造了一整套战役管理机制，旨在帮助大家建立起标准、可控、有效的项目管理框架，将经验沉淀下来、传承下去。

图 7-1 所示为用户增长战役保障机制。我们以用户增长战役为例介绍战役项目管理体系。

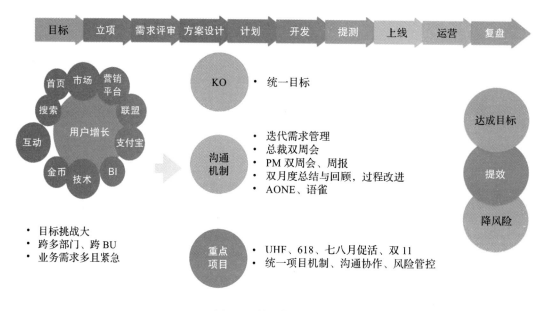

图 7-1　战役保障机制

7.1.1　立项

每财年末，事业群管理层会召开战略规划会议，由事业群负责人为大家讲解战略，然后由业务负责人介绍横向产品。与会人员会从业务先赢的角度思考如何支撑业务，同时也要思考如何沉淀，以便更好地进行横向赋能、扩大影响力。通过几轮讨论之后，会议将敲定几大战役，并指定各战役负责的一号位（总负责人）来进行统一管理。

在战役中，大部分工作都是需要跨团队协作才能完成的，很少能由一个部门独力完成。所以横跨的团队越多，挑战就会越大，非常需要通过一个统一的机制来拉通落地。一号位也不能只是安排自己的下属担任各级项目经理，而是需要将核心的相关团队都协同起来，只有这样才能赢得战役。

7.1.2 规划

决定要打这场战役后，还要将整个战役的规划逐步细化，并落实到具体的方案中。规划中最核心的是大图、兵力图、里程碑、子战役细化这几块内容，下面就来详细讲解。

1. 大图

战役最重要的是确定目标与方向，由此来确定项目的范围。根据目标的延展情况，首先需要与一号位一起，将整个战役的大图画出来，其中包含业务架构图、系统架构图，只有这样才能知道要支持哪些业务、建立哪些系统、系统与系统的边界在哪里。

2. 兵力图

战役项目规划中很重要的一点就是排兵布阵，战役启动后，负责人会撰写兵力图（如图 7-2 所示）。一号位、PMO、HRG 是战役中的三个核心成员，由他们组成核心的决策小组。此外，关键的业务方主管也是重要的支持者，这些都需要体现在图上。接下来就是设计战役，如何层层拆解到子战役、项目，指定每个项目的经理。梳理每一个项目集或项目需要哪些角色、现有人数多少、有多少人力缺口，这些都要在图上盘点出来。只有这样才能清晰地做好战役分工，以确保战役人力分配合理。

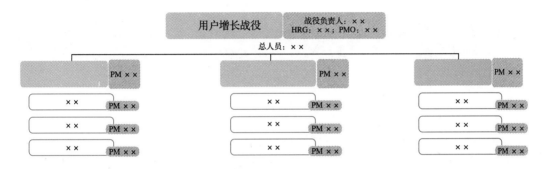

图 7-2　用户增长战役兵力架构图

战役一般会拆解为三四个子战役，然后每个子战役往下再展开两到三个项目集。子项目基本上就是我们日常项目管理所覆盖的颗粒度，再往下的小组或模块就不适合展开得太细了。拆解的标准是：每个子项目都是相对独立的团队，可以独立运作。如果某两个子项目参与的人员高度重合，那么可能就需要合并同类项了。

拆解好项目之后，我们就为每个子战役设定目标，每个目标都应该承接大战役的总体目标，彼此之间不能没有关联性：设定目标为 a、要做的事情为 b、最后的结果为 c，而且目标需要符合 SMART 原则，这样才能在过程中被追踪与评估。

3. 里程碑

目标设定好之后，我们需要根据不同的子战役、按双月将目标拆解成具体可执行的任务，如图 7-3 所示。任务拆分的颗粒度要与我们的双月评审保持一致，具体的目标一定要可执行、可评估。这里很关键的一点是：任务不要列得太细，突出最重要的三件事，抓住重点即可。

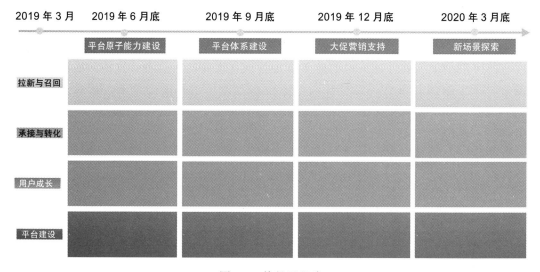

图 7-3　战役里程碑

4. 子战役细化

里程碑拆解完毕后，就要具体展开每个子战役，如图 7-4 所示，将目标、子项目列出来，承袭里程碑的内容，我们需要在这上面展开更详细的任务，并且在后面列出横向合作的团队接口人。这一块就是我们在这场战役中要做的最具体的事情。当然，具体子项目还可以进一步细化（需求、架构方案、细化计划），但是，从战役的视角来看，只需要关注到子战役这一层即可，不然规划 PPT 会太过琐碎。

战役分解的重点任务	任务描述	组织保障
淘金币体系建设		• 算法支持（××、××） • 游戏化支撑（××、××）
会员成长体系		• 算法支持（××、××） • 游戏化支撑（××、××）

业务目标：　　　　**技术目标：**

图 7-4　子战役任务拆解图示

7.1.3　启动会

战役规划完成后就要进行启动会，帮助跨团队、虚拟团队的参与方了解目标、明确计划。如果大家能在启动会上达成共识、对齐优先级，那么接下来的工作将会顺利很多。除了需要邀请多个技术团队之外，业务团队的参与也是非常关键的，让业务方产品经理或业务负责人来一起看看有没有需要补充的地方或好的建议，这样才能形成整体闭环。此外，合作的相关方一定都要邀请到，包含测试、前端、算法、HR、产品、运营，只有所有相关成员都参与，才是真正地将团队凝聚在了一起。

启动会的议程顺序具体如下。

1）一号位讲述整体方向：总负责人讲解大图、整体目标，确保大家对于战役的理解到位。

2）子战役项目经理阐述规划：各子战役项目经理深入分析，与团队沟通自己的子目标、要做的事情，并完整地传达需要落地的信息。

3）技术主管与业务主管发表建议：合作伙伴的主管都应该在启动会上阐述自己的理解以及分析，或者针对子战役内容看看有没有疑问需要讨论，这就是非常重要的信息对齐。

4）HR 讲解组织保障：HR 讲解激励相关事宜，并介绍整体的组织形式。

5）PMO 讲解整体流程机制：PMO 讲解项目的流程与体系，让大家都知道项目的运作规则。

6）仪式：团队所有项目经理一起上台合影，完美结束启动会。

7.1.4　目标对焦

进入项目执行周期后，我们还需要制定日常监控的管理目标大表，对战役目标进行拆解，如图 7-5 所示。这张表也是按照战役（全年目标、分期目标）、子战役（全年目标、分期目标）、子项目（全年目标、分期里程碑）的形式层层拆解。我们在战役开始时先制定目标，每到双月评审时，子项目经理便在目标底下自评达成的状况，然后在评审会议上通晒。这样一号位便可以更清楚地掌握目标的达成情况。这有助于一号位对跨团队虚拟组织合作的项目经理进行考核。如果战役反馈与自己团队主管考核一样都是优异，就会有额外的激励。而如果两位主管的评价差了两级，那么就需要主管、HR、PMO 共同来重新评审。

用户增长战役							
战役项目		全年目标		负责人	2019/9/30	2019/11/30	2020/1/31	2020/3/31
整体	业务目标						
	技术目标						
拉新与召回	总体目标						
	子项目						
承接与转化	总体目标						
	子项目						
会员成长	总体目标						
	子项目						
全生命周期管理平台	总体目标						
	子项目						

图 7-5　战役目标拆解图示

7.1.5　过程监控与对焦

过程监控通过双周会、双月评审的方式来进行同步与对焦。过程监控的频率比绩效评审的频率要高，但每周一次又太频繁了，所以折中一下，即核心团队召开双周会、双月评审，与 BU 负责人和事业群负责人对焦。这样既可以确保战役的持续推进，又可以更灵活地修正方向与目标。

1. 双周会、周报

因为每个战役的项目经理都很忙，但横跨多个团队还是需要建立沟通机制的，所以我们会借助双周会的形式帮助大家对焦，以便与大家同步进展和风险，有问题即时沟通，从而让大家保持紧密联系。同时，每周发送战役周报，向项目人员同步子战役的进展和风险。

2. 双月评审

由于需要新零售事业群整体对焦，所以我们将双月评审进一步细分成三个阶段，即战役内部评审、BU 内部评审、新零售事业群评审，以便分层级对焦，从而确保准备内容顺利完成。下面详细说明这三个阶段的评审。

（1）战役内部评审

所有子战役项目经理在团队内部对焦，PMO 先将模板下发，然后利用一次战役双周会的两小时时间，每个项目经理阐述自己目标的达成情况。在这个过程中，建议同步邀约合作伙伴、战役中的关键子战役项目经理、核心 P7 共同参与，让大家都能对焦并了解战役的进展情况。

（2）BU 内部评审

当所有战役内部都完成 PPT 的准备后，就会轮番与 BU 负责人审核一次内容，一方面让负责人了解战役的进展情况，另一方面收集反馈与修改建议。

（3）新零售事业群评审

最后，我们会一起在事业群的层级上进行评审，以 BU 为小组，几个战役轮流汇报，各个 BU 同时展开。由于事业群负责人时间有限，这时候各 BU 负责人将作为智囊团，分组去评审各 BU 的汇报内容，给予点评及最后的激励考核。这个过程一方面也是让不同 BU 负责人了解其他 BU 的战役进展情况，另一方面从中发现跨 BU 合作与协同的可能性。

7.1.6　结论与反思

战役就是 BU 重点的项目，所以需要通过统一的机制来保障大规模跨团队协作的效果。这套机制可以确保我们有一个标准化的流程，以帮助战役取得成果。而 PMO 将在这个过程中不断优化每一个环节，一方面可以确保项目可控，另一方面则可以帮助团队解决协同问题。

不过，有一些思考是未来可以深入探索的，具体如下。

战役多久对焦一次比较合适？我们每年订立四五个战役，一直持续一整年。但是不是应该每半年就重新检视一次，以确定哪些战役要调整方向，哪些要新增，哪些则要减掉。因为互联网公司项目需求多变，只有这样才能适应公司快速的战略变化。

后续应持续提升战役管理的管理体系，建立产品平台化的管理，保证集团重点战略的落地、过程信息也能更直接地透明给管理层，让大家一起取得傲人成绩！

7.2　双 11 大促项目管理

文 / 张孙恩（劲天）

2019 年双 11，阿里巴巴集团达成了 2684 亿元 GMV（Gross Merchandise Volume，成交总额）。这是一个非常值得骄傲的业务成果，这次的成功依赖于背后技术团队高质量的交付与顺畅体验的保障。2019 年，阿里巴巴集团还完成了核心电商系统全部上云，如此重大的系统迁移对双 11 来说也是一种非常大的风险。此外，阿里巴巴的经济体越来越庞大，沟通与协作的复杂度也呈指数增长。虽然双 11 是一个历经多年的项目，但是每年还是要面临很多新的挑战。如何协同庞大的组织一起打仗并达成目标？如何建立严谨又高效的管控流程？大淘宝技术 PMO 在 2019 年双 11 项目中承担了很关键的角色：将阿里巴巴的经济体有序地串联起来，让所有人一齐发挥出最大的价值，并最终取得胜利。

从 2009 年到 2019 年，双 11 历经了 11 年，大淘宝技术 PMO 持续打磨大促项目管理体系，不断沉淀壮大。从项目管理的发展历程来看，2013 年，大淘宝技术 PMO 最早是从手机淘宝开始参与双 11，PC 端还是主战场。一直到 2016 已，手机淘宝变成了主战场，大淘宝技术 PMO 开始承担更多的责任。2017 年，淘宝网与手机淘宝进行了更深度的融合，2019 年淘宝与天猫技术部融合成大淘宝技术部，在此背景下，大淘宝技术 PMO 首次统筹起集团大促项目管理的工作。

那么，2019 年的双 11 究竟又有哪些挑战呢？大促项目管理体系是什么？我们是如何过关斩将让 2019 年双 11 取得空前成功的呢？

7.2.1　挑战与变化

2019 年，阿里巴巴集团经济体的规模同比大幅增长，参与双 11 的 BU 数量大幅增加，新增或拆分了很多部门，业务复杂度也翻倍增加；集团小二已经超过了 10 万人，参战人员上万人。随着团队与人数的大幅扩张，项目管理所面临的挑战也越来越大。下面从四个维度来说明 2019 年双 11 所面临挑战的复杂度，以及如何拉通各个部门进行项目管理。

（1）淘宝 + 天猫技术团队

首先是淘宝与天猫技术团队融合成大淘宝技术，新的大团队首次联合参与双 11，团队人数规模翻倍。这十多个大型项目集底下还分了许多大大小小的项目，每一个项目集都是数十到上百人的规模，这十多个项目集支撑了最核心的电商体系。面对更大的团队，一方面拉通多角色一起协同，另一方面采取抓大放小的管理方式，以提升效率。

（2）大淘宝 + 经济体

因为双 11 是天猫的主战场，很多项目与稳定性都依赖于整个经济体多 BU 的协同，以往割裂的状况会导致整体的进展、风险、信息不可控。2019 年的双 11，我们除了负担起大淘宝技术部的项目管理之外，还主动承担了集团项目管理的角色。虽然管理的复杂度与工作量翻倍，但这样做有助于更好地串联起双 11 的各项工作，全链路推进。

（3）产品 + 技术大促项目组

以往产品经理与技术团队割裂运作，PMO 只覆盖研发团队的管理，产品与技术的很多决策与信息传递会比较慢，节奏也不一致，沟通很容易产生矛盾。2019 年我们首次拉通经济体产品经理项目组的管理，包含周会、周报、评审等工作，都是为了确保进行全链路项目管理。从需求的源头管理起来，整体的沟通、价值与效率才能更可控、更高效。

（4）业务+支持团队拉通管理

在经济体层面，组织保障是非常重要的，包含关键值班时要安排项目室、场地、夜宵，但是 HR、行政、IT、OC（组织文化）等众多团队都是独立散点运作的，很多信息都不互通，容易导致保障不到位。所以 PMO 除了业务团队的项目管理之外，还将横向支持团队的统一协调一起纳入管理之中，统一沟通需求、值班计划，从而确保大家共同做好大促保障。

面对双 11 的挑战，我们扩大了项目管理的范畴，覆盖了全链路，并建立了阿里巴巴大促项目管理体系，让管理更高效、更规范。

7.2.2　大促项目管理体系与实践

1. 体系设计

阿里巴巴大促项目管理体系，包含了多层级的项目组以及大促全生命周期的项目管理，如图 7-6 所示。

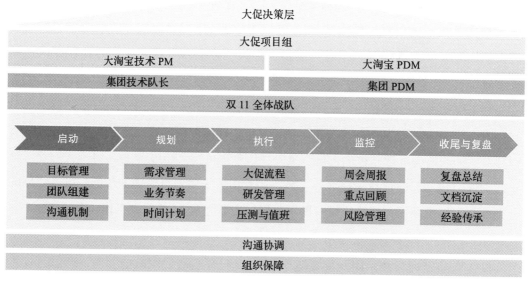

图 7-6　阿里巴巴大促项目管理体系

（1）多层级的项目组

阿里巴巴大促项目管理体系各层级介绍如下。

大促决策层：包含 CEO、CTO 等高管，对于大促目标、方向、关键信息决策等，他们要背负起整体的增长与目标。

大促项目组：包含大队长、PMO。他们主要负责大促项目组的执行、管理、决策、审批。

经济体各 BU 的技术经理和产品经理：各 BU 自上而下，各层团队都会指定技术研发人员、产品经理担任大促的经理，配合大促项目组协同工作，并负责各自 BU 项目组的管理、沟通协调与安全生产保障。

（2）全链路管理

全链路管理包含集团与淘宝天猫团队两个层面的项目管理，全部统一由大促 PMO 负责。从启动、规划、执行、监控到收尾与复盘，通过横向的沟通协调、组织保障、风险管理等来推进大促项目全链路生命周期的管理。以下将针对几个重点环节的实践做详细说明。

2. 启动

（1）目标

双 11 的启动会在 6 月份举行。会上最主要的工作是对焦大促的技术与业务目标，例如，交易峰值、稳定性保障、用户体验、全链路验收一次通过、GMV 与用户增长等。双 11 不只是要看 GMV 的增长，背后还要层层拆解目标，拆解到 DAU 是多少、客单价是多少，要将整体活跃率提升到多少，以确保这些过程指标能够完成双 11 的整体大目标。然后，将这些指标分配到这 50 多个 BU、上百个项目、需求和产品上，大家需要围绕这些目标去执行。

（2）团队组建

一开始，要让每一个部门派出一个明确、靠谱的经理作为接口总负责人。当整个团队组建起来后，代表各部门的双 11 项目也就正式启动了，大促项目组也会针对这些经理做一次集中培训。

（3）传承赋能

每年的双 11 有近一半比例的经理是新手，因此交接传承非常重要。2019 年为了提升大家的大促管理能力，我们首次打造了大促传承课程，邀请历年资深主管为核心经理做分享，并且录制了线上课程，未来双 12 以及大大小小的大促经理都可以学习，以实现传承与沉淀。

课程中定义大促项目经理的核心工作共有三项，即管理、沟通协调、安全生产，如图 7-7 所示。为快速上手，他们对要做的管理工作需有个整体认识。

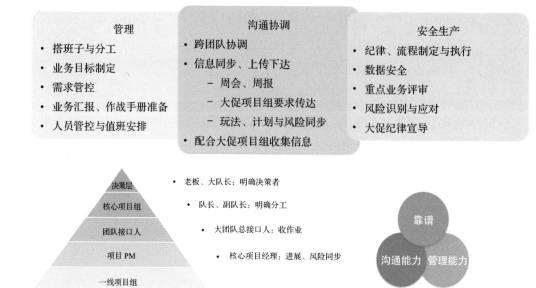

图 7-7　大促项目经理工作指南

该体系不仅适用于技术人员和产品人员，而且也适用于业务人员，帮助他们解决以下问题：如何管理团队，如何搭班子去沟通和协调，然后将信息整体进行上传下达；在安全生产环节，如何避免数据泄露、保障数据安全；在遇到一些线上故障、用户投诉等问题时，该如何处理。

（4）启动会

在阿里巴巴集团内部还有一个很受重视的环节，即启动会。在启动会上，所有双 11 的核心项目经理全部聚集在一起，向大家宣导大促的目标、计划，介绍团队人员组成，正式启动双 11 的准备工作。启动会的目的一是明确沟通机制、关键信息，二是凝聚士气，为打赢这场战役开个好头。

3. 规划

（1）时间计划与分层沟通机制设计

大促项目启动之后，很关键的一步就是设计大促的时间节奏，有了这个时间节奏，各 BU 团队才能展开细化的计划，包含关键节点上线、压测节点以及核心的周会。此外还有关键节点的上线值班时间点与评审会议，也需要同步给大家。

大促的核心抓手就是周会、周报、核心评审，用于确保对各节点进行把控。双 11 长达四个月的准备工作中包含大量的会议，在最高层有管理层日会，而核心技术大队长们则每周都要召开周会。除此之外，各层级也有对应的周会，包括集团、淘系技术的周会，产品经理周会等。这种方式有助于进行分层级交叉的沟通与协调，在这个过程当中，进展、风险、横向协调都将在会议上快速碰头。可能会有人抱怨会议太多，会议只是一个手段，核心是告诉大家什么时间点要交付什么，从而倒推各 BU 做好准备工作。

①跨团队沟通协作

上万人的团队如何做好跨团队的沟通协调，第一步最重要的是明确项目经理，关于这一点前面已经叙述过，这里不再赘述。第二步，50 多个 BU 队长都要来参加周会，效率会很低。如果每一个 BU 汇报半个小时，那么 50 多个 BU 可能要花掉一个礼拜的时间。解决办法是对 BU 的重要程度进行分级，根据其与大促的相关性将他们区分为一、二、三环，例如，一环就是核心电商，重点会议必须全部到场，关于一环核心的信息，风险项目组需要重点去看；二环和三环，可能是关联比较远一点的 BU 或者是只部分参与双 11 的 BU，对于整体的目标实现不会有太大的影响，对于他们，项目组具有较大的可选空间，从而可以节省很多的时间和精力，项目组只要花时间重点查看一环的 BU，二、三环的 BU 只要进行简单的信息互通即可。

此外，要向项目经理明确所有的沟通机制，包含什么时候开周会、重点汇报时间点，这些都必须提前做好计划同步。另外还要告诉大家，发现一个风险后的沟通机制是什么，要通知哪些核心角色，从而避免产生了重大风险但集团项目组却不知道的情况。

②向上管理

向上管理是集团层面临的一个很大的挑战，很多项目经理、产品经理在实际的产品管理、过程把控、团队沟通等方面都能做得很优秀，但是大家经常会面对的一个难题就是，面对老板或老板的老板，如何去管理他们的预期。双 11 是一个全集团参与的大型项目，高层干系人非常多，PMO 在这当中一方面是要协同、服务、执行他们的一些指示，另一方面也要平衡大家不同的诉求，达到一个全局最佳解。关于向上管理，具体有如下几点建议。

仰望星空、脚踏实地、产出方案：需要根据整体战略，以及实际执行状况给出一个方案，向指挥汇报后，决策是否执行。

平衡与合作氛围：每个主管都有自己的观点或看法，我们需要参考众人的意见取长补短，给出一个最终方案，虽然可能不能让所有人都满意，但一定要建立起平衡与合作的氛围。

信息透明群、会议：很多时候，大家会不自觉地全都通过 PMO 来沟通，这样很容易造成矛盾。建议直接建立 IM（即时通信）群，很多问题可以在群里面沟通讨论，或者召开面对面会议，这些都是很好的方法，要避免自己成为沟通的瓶颈。

大局为重：每个人都会有自己的立场、看法，但最终一定要从大局观的角度进行思考，取对经济体最好的方案来做决策。

勇于表达看法：虽然面对的都是副总裁以上的主管，但他们只是给出一些建议，如果我们有更好的建议，应该勇于表达，将方案的优劣势阐述清楚，通常他们都会通情达理接受建议。所以不要害怕向上级表达自己的意见。只有 PMO 有了全局的信息与视角，才能更好地帮助高管们做决策，推进大促成功达成目标。

③统一协作平台

统一协作平台的沟通机制是非常重要的，它统一了经济体的文档协作空间，以确保大家的信息能够统一互通。大促过程中会产生很多资料，包括书面文档、PPT 等，以往这些资料都分散在各人的电脑中，结果很多信息因为相关人员的离职或转岗而丢失了。在做项目管理时，不管是多大规模的项目，大家一定要做好文档的整理和沉淀。统一通讯录、PRD、视觉稿、核心评审资料等都要存放在统一空间与大家共享，确保所有这 50 多个 BU、上万人都共享同样的信息，从而大大提高找人的效率、降低协同成本，方便 BU 互相学习。未来几年的双 11 都可以再回头查询参考，做到持续沉淀。

（2）需求管控

①需求评审与验收

需求管理的链路非常长，如图 7-8 所示，从一线的产品经理、产品总监到一号位，在这么长的链路中，如何才能帮助他们做好需求管控？

核心的策略是确认好目标和要做的策略，包含互动要达成一个什么样的战略，要如何帮助整体的活跃度用户增长？如何将购物车、营销产品，以及各种优惠变得更加简单，这些都会在大促的初期进行对焦以确认方向。

对需求把控进行精细的管理，多次与一号位进行 demo 演示，以促使产品业务尽快出方案，让技术人员能够尽快开发；开发完成之后，一号位需要提前确认是否满足预期，从而减少上线后的临时变更。

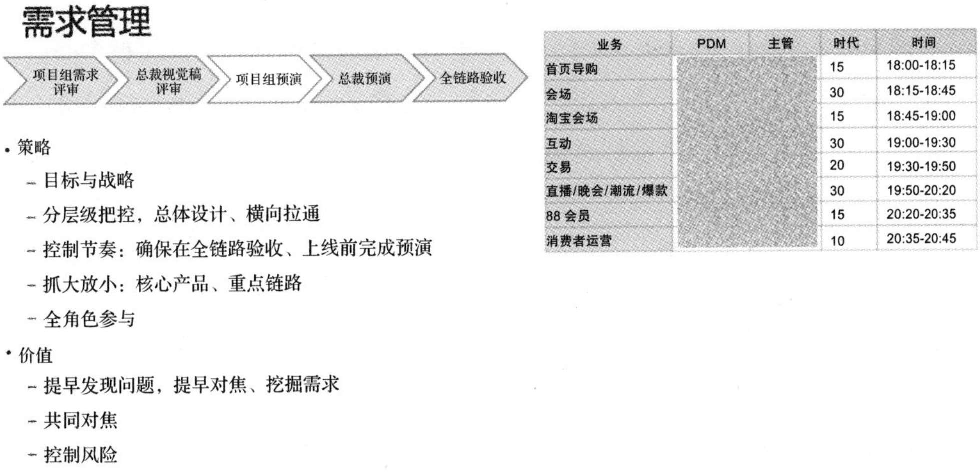

需求管理

项目组需求评审 ▷ 总裁视觉稿评审 ▷ 项目组预演 ▷ 总裁预演 ▷ 全链路验收

- 策略
  - 目标与战略
  - 分层级把控，总体设计、横向拉通
  - 控制节奏：确保在全链路验收、上线前完成预演
  - 抓大放小：核心产品、重点链路
  - 全角色参与
- 价值
  - 提早发现问题，提早对焦、挖掘需求
  - 共同对焦
  - 控制风险

业务	PDM	主管	时代	时间
首页导购			15	18:00-18:15
会场			30	18:15-18:45
淘宝会场			15	18:45-19:00
互动			30	19:00-19:30
交易			20	19:30-19:50
直播/晚会/潮流/爆款			30	19:50-20:20
88 会员			15	20:20-20:35
消费者运营			10	20:35-20:45

图 7-8　需求评审流程

集团内通常有成百上千个需求，这么多需求不可能都由一号位进行评审，因此我们要抓大放小，挑出与核心大促相关的产品来进行评审，例如首页、会场、互动、交易等核心产品，让一号位逐轮进行对焦，其他大大小小的需求就让大促核心项目组、产品总监分层自行把控。需求评审时，所有相关产品经理、总监、技术经理、市场经理、UED 等都应参与进来一起评审，在这个环节中进行快速对焦，决策哪些

需求需要变更,这样既能大幅提升评审的决策效率,同时也能大幅地减少后期的需求变更。

预演这一块也是非常重要的,因为研发实现的最终效果与设计稿可能会存在差异,或者说,看设计稿的感觉与在手机上的实际体验还是有区别的。以前很多大促可能是在上线了之后,高管才看到最终的成果,如果他不满意,要求哪些地方要改,就会造成很大的风险(时间、资源、稳定性等方面)。因此提前将整个双 11 完整的玩法和操作场景展示给一号位,让其验收,一号位提前在手机上体验以确认与他预期的是否一样,如果这时有任何问题,大家都还有充足的时间去做调整,不会等上线之后才给他"惊喜"(或者是"惊吓")。我们不会拒绝变化,有价值的变更还是要做的,所以预演是非常有必要的,它能提早对焦、挖掘高管的需求,降低上线之后才做变更的风险。

②需求变更管控

大淘宝技术部与核心 BU,对于需求变更有更细粒度的管理,以往很多变更可能是产品经理直接找对应的开发人员进行调整,这样做可能会产生很大的风险。或者产品经理一有需要就发一个邮件通知给大家,然后找老板逐个进行审批。直到 2019 年,我们将需求变更管控自动化,使其全部落到系统上面,申请人不用关心流程该由哪些人进行审批,系统会自动进行分配,这样也能够通知某些重要主管,审批也会通过钉钉进行提醒,帮助主管即时掌握变更。此外有了这个系统之后,我们可以分时间段进行更精细化的管理,逐层升级审批也会越来越严格。

管控虽然非常重要且很有价值,但是也会影响效率,因此需要考虑如何进行平衡。所以等到双 11 需求变更越来越少之后,我们便简化了这个流程,最后最多只需要 3~4 个人审批就可以了,简化后的流程速度有了大幅的增加。对于一些有价值的需求调整,我们可以及时做出响应,以拥抱变化、提升速度、保障价值传递。

4. 执行与监控

(1)关键评审

那么,如何才能确保进度可控呢?最重要的就是进行关键评审,这包含技术汇报、作战手册、复盘等操作。关键评审一方面可以帮助大促项目组验收大家准备的状况,另一方面又可以促使各 BU 团队在统一的时间点完成自身的工作梳理。

一开始设计好汇报模板、提前下发，让各 BU 团队能够提前做好准备，并且要求在汇报前统一缴交，沉淀在文档库上，拉齐项目组的整个质量水平。

但 50 多个 BU 的数量还是非常多的，如果每一个都要来汇报，可能要花上一周的时间。所以双 11 大促项目会挑选部分重点 BU 进行评审，其他 BU 只要交作业即可。并且针对每个 BU 的汇报时长做细粒度的管控，所以每个评审都能准时完成。这样也节省了主管与汇报人员的时间和精力，大幅提升了评审的效率。

最关键的是，会议结束后要将会议任务（Action）下发给对应 BU 的主管，确保大家能够重点跟进并反馈意见。

（2）过程与风险管理

除了保障整体大促项目管理之外，针对重点项目 PMO 也会专门去跟进。例如，2019 年双 11 互动游戏、火热的淘宝直播，还有将集团核心系统全面迁移到阿里云上，这些对于整个集团来说都是很重大的项目。项目组核心队长、副队长将根据分工，各自跟进一个业务域，及时解决和响应问题，日会日报同步，确保风险可控，一横一纵提升整体管理的精细度。

5. 组织保障

除了推进之外，我们还要做好大促组织保障。从启动开始，我们要推进启动会的组织，以确保大家都在向着同一个目标冲刺。组织保障包含项目室、夜宵打气会仪式等，HR 也要共同参与设计和组织。到了上线与作战期，我们就要开始做整体的经济体上万人的值班保障方案，包含排班、座位与作战室分配、人脸识别权限管控、紧急沟通流程、用餐与休息等，要协同十几个支持部门共同保障，以确认每一个细节、力求完美。组织保障就像空气一样自然且必不可少！PMO 需要重点投入这块项目管理，以确保双 11 值班作战顺利圆满完成。

6. 上线关键作战期

最后到了上线作战期，也就是大大小小的上线值班，监控核心系统的数据，随时应对各种突发的上线问题、用户舆情等。如何保障数千人的值班能够顺畅进行，最重要的就是维持良好的作战纪律。这一点与军队有些相似，这么多的人员参与，必须有很清楚的流程规范，包含遇到了问题该向谁反馈、如何审批，如何做一个应急措施，还包含关键数据不能向外界的媒体或公众人物泄露，作战纪律需要提前宣传贯彻等。很有可能会因为某一个环节没有做好，整个双 11 项目面临整体灾难性的风险，而来不及进行快速应变处理。

7. 收尾与复盘

作战结束时很关键的一点是要让大家做好收尾，接下来的双 12 和来年大促才能持续精进。PMO 在 11 月初完成了模板设计，并下发给各队长进行准备，因为复盘不应该是在双 11 当天结束之后才开始准备，数据、问题应该是在过程中就要进行积累和总结的。

以往阿里巴巴集团的双促复盘会是统一放在 12 月中旬之后，2019 年我们考量到复盘讲求即时性，所以在 11 月中旬后就组织了一次集团重点 BU 的复盘，让大家快速对焦问题与改进，以便即时对双 12 产生价值，主管也可以趁热针对双 11 的一些建议即时进行沟通和改进，从而大幅增加复盘的价值。

7.2.3 总结与展望

2019 年双 11 取得了不凡的成绩，PMO 也首次开始负责起整个经济体的大促项目管理，更好地拉通产品、技术、业务的信息，进一步扩大 PMO 的影响力，这些都奠定了集团大促的项目管理体系，如图 7-9 所示。大促项目管理，就是链子与珍珠的关系，每个团队及角色在大促项目中做好自己的本职工作，就像一颗颗闪亮的珍珠一样，但中间需要 PMO 将所有的珠子有序地搭配串联起来，才能让双 11 变成一条闪亮的珍珠项链，即让所有人聚集起来发挥出最大的价值。

这里有一个很重要的点就是，集团 PMO 必须要有大局观，不论负责多大规模的项目，都必须要站在全局的角度，从商业战略到落地执行角度去思考以下问题：如何拉通全局的信息，提升大家的沟通与协调能力；如何驱动众人；每个人都有自己的立场或目标，如何才能让大家对齐统一的时间，齐心协力去达成目标。这些都是需要靠大局观来判断的。PMO 应建立整体的管理体系，帮助大家达成一个全局最佳共识，以做出正确的决策。

其次就是关键的抓手，要设计好大促的关键评审，一方面是阶段交付成果的验收，另一方面则是更顺畅地与上级进行对焦，提前设计好整个计划以及要交付的任务。接下来就是识别风险，例如，阿里巴巴集团刚刚收购考拉的时候，第一时间就确定了考拉也需要参与双 11，于是提前与考拉团队进行对焦，推进项目和计划落地，而不是等到最后官宣组织调整后才对接，那样就太晚了。

总结：驱动众人、丝般顺滑

图 7-9　双 11 大促结论

双 11 是一个很成熟的项目，但是我们还是要不断地进行创新，深入思考哪些地方可以进一步优化。组织越来越庞大，应该区分优先级以便更好地进行管理，并且利用一些平台、工具帮助大家提效。最后沉淀一些标准化的体系与流程、课程，让如此复杂的大促项目产品化，以便持续地进行流转、沉淀。

双 11 是阿里巴巴人一年一度的盛典，在经济体的快速发展下，不论是业务目标，还是组织协同，每年的挑战只会越来越大。大淘宝技术 PMO 将持续帮助大促管理体系提效，输出大促管理白皮书做好传承，从而让双 11 每年都能够实现自我突破，让大家更高效地协同，每年都取得成功！

7.3　用户增长项目管理

文 / 张孙恩（劲天）

用户增长对于每个公司来说都是非常重点的工作，对于阿里巴巴集团来说更是至关重要的战略。淘宝天猫将用户增长设定为事业群重点战役之一，用一个成体系的方式去管理这场大的战役，以帮助集团达成目标。

日常的用户增长和双 11 大促的用户增长是阿里巴巴集团内两个大的工作模式，日常我们会有很多长期的需求与目标管理，而针对双 11 我们也会采取更集中的军团作战方式。本节将分享日常用户增长的全链路项目管理方法，以及双 11 大促用户增长的项目管理方法。

7.3.1 用户增长概述

手机淘宝是一个电商属性的 App，光看 DAU 是不够的，MAU 才能更客观地衡量整体电商的用户体量。如图 7-10 所示，从 2018 年 6 月底到 9 月底，MAU 的增长非常可观，一共是 3200 万的用户增长，以及 2018 年的双 11 GMV（成交金额）是2135 亿元。这个亮眼的增长成绩，依靠的是用户增长整个大项目去做拉新、用户留存提升等工作。

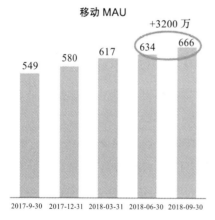

数据来源：2019 财年第二季度报告与公关稿

图 7-10 淘宝用户增长和 GMV 增长

1. 用户增长的挑战与价值

用户增长需要解决的问题与挑战具体如下。

创造增量的挑战大：淘宝天猫将用户增长单独提出来，这个战略具有很大的挑战及价值。挑战是什么？手机淘宝、支付宝已经是整个中国互联网市场当中数一数二的 App，那么如何自己超越自己，还有要如何才能再创造一个更大幅的增量呢？

如何提升留存：当我们将大量的用户吸引到手机淘宝之后，要如何帮助他们留存下来呢？不能花费了巨额的预算和红包，最后让用户"薅了羊毛"之后就走掉。

如何提升效率控制成本：我们每年投入了这么多红包，应该如何更大幅地提升它们的效益和效率？如何才能更好地控制成本？比如说，究竟是发 10 元的红包好？还是发 5 元的红包好？这些都需要经过精细化运营。

坚持用户至上：用户增长本质上应该从用户体验、用户至上的角度出发，最终目的在于能不能为用户带来更高的价值，所以我们的很多项目都需要从提升用户体验的角度出发。

促进经济繁荣：淘宝手机承载了整个阿里巴巴的流量入口，包含天猫、饿了么、淘票票、聚划算等大型业务，这些都是通过用户增长提升来帮助实现经济体繁荣，手机淘宝用户整体的增长，可以支撑整个集团业务的发展，进而帮助提升财报。

2. 用户增长项目管理的挑战

为什么用户增长需要重点项目管理来推进？核心原因是部门多、需求多、角色多，具体说明如下。

部门多：有些公司在知道增长客户的重要性，或者意识到要重视用户运营这一块之后，是让各个部门各自去做增长或各自做运营；而有一些公司则专门成立了一个用户增长的部门。淘宝天猫则是介于这两种情况之间，我们设立了统一的用户增长部门，同时各个部门又有各自的增长任务。淘宝天猫的用户增长涉及部门繁多：市场部、首页、搜索、互动游戏金币、技术部、阿里妈妈广告联盟、天猫、支付宝或者是 BI 数据分析等。大家都有各自不同的 KPI，那么我们要如何拉通各个部门一起协作，共同完成统一的目标呢？

需求零碎：有的在做双 11，有的在做双 12，有的在做游戏，对于这些零碎的业务需求，我们应该如何更有效地拉通业务，然后一起去打通一个目标呢？

职能复杂：接下来还要帮他们分析，KPI 这么分散，或者说各个 KPI 的目标其归因不一样，有的在做 GMV、有的在做拉新、有的在做流失、有的在做技术提升，不同的人不同的事情,如何形成一股合力?

所以面对这么复杂的场景,需要有体系化的项目管理方式,才能确保业务成功。但并不是每一个公司都与淘宝天猫一样有统一PMO,或者有专职的项目经理投入用户增长。因此对于每一个产品负责人或者运营,大家都应该具有项目管理意识,管理好自己的子项目,这样才能高效地达成目标。

3. 用户增长项目范畴

用户增长地图如图7-11所示,我们将用户增长分为拉新召回、留存转化、促活几大领域。具体细节需要考虑数据安全做模糊抽象。

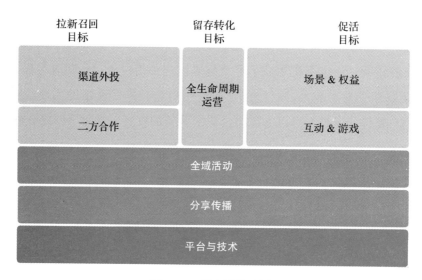

图 7-11　用户增长地图

拉新召回:我们分析拉新与流失召回的渠道和手段类似,这个业务是由同一组人去完成的。对于拉新,很关键的一点就是渠道,我们的渠道包含了阿里妈妈以及第三方广告合作;此外,我们还有一个很大的二方产品矩阵军团,包含了支付宝、手机天猫,还有各式各样的线上线下渠道,包含现在的大润发、盒马鲜生等。这些渠道都是很核心的资源,可以形成整体的拉新矩阵。

留存转化:当用户进来之后,我们必须要做一个全生命周期的运营。手机淘宝的首页是千人千面,每个人看到的页面可能并不一样,针对新人或者不同阶段的用户,首页的利益刺激点都是不一样的，真正做到了用户精细化运营。

促活：手机淘宝现在可以点星巴克、饿了么，也可以买电影票，整个场景权益都拓宽了。淘宝天猫并不是只有在双 11、双 12 才做一个网上购物活动，许多线上线下新零售场景都已经变成了促活的重要阵地和矩阵。此外，淘宝天猫也探索了很多互动业务和游戏化业务，例如，金币庄园、2019 年双 11 的合伙人集能量，这些都是很好的互动促活方法。

横向支撑：大促活动、分享及传播玩法、平台技术等，都是以横向支撑串联各个场景，以矩阵的方式支持整个用户增长各阶段的项目。

7.3.2　用户增长全链路项目管理

1. 日常全链路项目管理

各个部门、各个 BU 都是独立的，如何才能做好管理呢？下面我们就用一个最简单的体系来进行管理，即目标管理→计划管理→过程监控→反馈调整，通过这样的流程来推进。一开始需要从目标管理来抓起、明确年度 KPI，然后帮助他们梳理大战役整体的计划。接下来很重要的一点就是过程监控，识别过程中的风险以及资源调配，通过总裁会议横向拉通，将过程信息透明展示出来。最后形成一个闭环，根据数据反馈来不断地调整目标。我们的核心抓手集中在重点专项保障以及沟通机制的建立上，如图 7-12 所示。

（1）重点专项

人的精力是有限的，所以我们会投入主要资源去保障重点项目的顺利进行，例如，2018 双 11 用户增长、新人首页精细化运营、手机淘宝用户体验提升等。

（2）沟通机制

在沟通机制上，我们也建立了体系规范，从用户增长年度规划、月度需求评审、总裁双周会等层面进行切入，如图 7-12 所示。

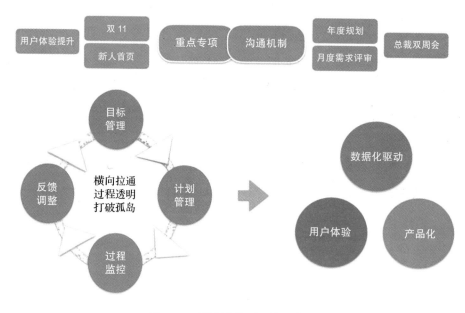

图 7-12　用户增长项目管理体系

2. 年度战略规划

传统制定年度战略规划的方式是，各部门中间管理层输出规划方案，合在一起发给部门主管，形成该年的年度战略规划，然后分派部门一线员工执行。但这样的方式整体效率很差，产品、技术、商务、运营团队都是割裂开来的，各做各的规划。

2018 年，我们的用户增长采取了新的模式，如图 7-13 所示，我们成立了几个虚拟小组，将产品、运营、技术职能全部打破，依照用户增长阶段，分成拉新、活跃、流失用户等几个虚拟项目组的维度，让团队自己去规划明年做什么、目标是什么。接着，我们组织两次评审会，邀请了内外部专家评审各小组的方案，给予反馈并评比打分。

虽然大家都觉得挑战压力很大，但是虚拟组的方式促进了整个团队的积极性，大家会想出来一些主管之前没有想到的方向或亮点。当然也会存在一些不靠谱、不完整的部分，专家评审时会帮忙提意见做修正。这样团队成员就不会觉得自己只是一个小小的螺丝钉，只负责执行，每个人都会有主人意识，帮助整个用户增长团队走得更快、更好。

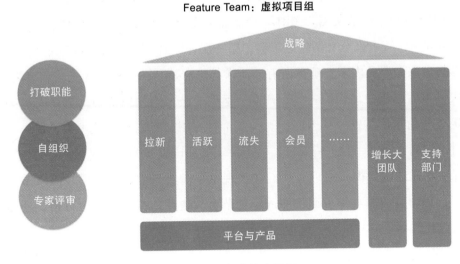

图 7-13　年度战略规划

3. 月度需求管控

以前用户增长分散于各个部门、活动之中，产品需求都很零散，都是想到一个需求才来推动团队评估资源。技术团队对此感到很烦恼，每次需求活动都来得很突然，开发资源很难协调优先级。为了解决这个问题，我们与整个团队订立了一个明确的计划和评审机制，如图 7-14 所示。

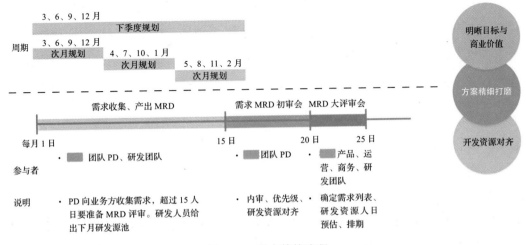

图 7-14　需求管控流程

需求收集与 MRD 撰写：每月从 1 日到 15 日要求所有的 PD 撰写好他们的产品或项目 MRD（市场需求文档）、PRD（产品需求文档），讲清楚业务价值和需求。

需求评审：接下来会有两轮评审会，第一次评审时，所有的产品经理和产品主管一起参与进来做产品内审，确保所有的需求都想清楚了，并对齐优先级和战略方向。第二次评审时，用户增长的主管、产品、运营、技术跨团队成员一起参与进来，共同确定要做的事情与资源是否匹配。在这个过程中，我们要为技术人员提供一个开放的讨论空间，大家一起进行对齐，一起决定哪些该做、哪些不该做。

有了这样的迭代模式之后，我们会发现整个淘宝天猫的用户增长需求节奏变得可控了，每个月的需求都可以按照固定的节奏、快速地落地并输出价值，从而实现效益最大化。

4. 总裁双周会

规划完后，项目就开始落地执行，过程中还要做好向上管理。淘宝天猫总裁很关注用户增长项目的进展，那么我们该如何帮助他来跟进这些项目呢？我们组织了双周会信息同步机制，定期与总裁对焦进展，看这次的双周数据如何、哪些事情做得好、哪些是需要加强的，深入分析为什么这个指标低了，或者为什么这个用户不来了。整个过程中，我们都非常重视数据，每项决策都依赖于 A/B 测试的数据来进行判断。

对于总裁双周会，我们设计了好几个议程，数据、阿里妈妈、首页、支付宝小程序、金币庄园、新项目等用户增长项目分别汇报进展、计划与风险。这样就能为大家提供一种节奏感，为了向总裁定期汇报，一定要持续输出进展，或者是快速跟进总裁强调的一些事情。此外，通过这种方式，我们可以帮助原本独立分割的部门彼此进行沟通、合作。

7.3.3　用户增长大促项目管理

1. 启动规划环节

那么，我们如何将这个最重要的"蓄水"工作，业务方众多的二十几个项目管理好呢？最主要的是要运用好全链路项目管理流程：目标、立项、需求评审、方案设计、计划、开发、提测、上线、运营以及复盘。图 7-15 所示的就是我们双 11 抽象出来的一个简单的项目管理模型。

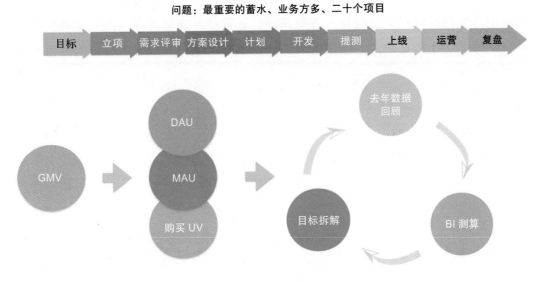

图 7-15　双 11 用户增长全链路项目管理

（1）目标管理

首先，我们说一下目标，比如，本次大促我们的增长要达到多少。从 GMV 目标开始我们要做精细化的拆解，包含了大促当天的 DAU（日活）要定成多少，MAU（月活）在十一月要达到多少，以及最后购买 UV（访问人数）在这一段"蓄水"期间要达到多少，都是要逐步进行拆解、估算，并精细化运营的，这才是科学化地管理目标。

（2）立项

整体的用户增长是一个大型的战役，根据需求、阶段的不同，我们要区分十多个子项目，每个子项目都会指定产品经理、运营或技术担任子 PM，形成军团式作战方案。

（3）沟通机制

立项完成后，我们还需要召开启动会，将所有相关的成员聚集起来，建立整个沟通机制：沟通频率是什么？邮件同步的模式是怎样的？协作的平台是什么？我们经常会发现一个问题,很多项目经理完全不知道项目进展如何、存在哪些风险,这些问题的产生都是因为沟通机制一开始没有设定好。因为双 11 要涉及集团内十几个大部门一起协作,因此大家工作的范畴是什么,边界在哪里等这些问题一定要在最开始的时候就沟通清楚,否则在项目过程中可能会发现一些人很难发挥其职责、为了工作职责而产生争执等问题,这也是由于一开始分工时没沟通清楚而导致的。

2. 执行阶段

执行阶段我们以通用的项目管理方式来推进,其中包含了前期的功能需求梳理、计划评审会,而后以两三周的时间粒度来做研发迭代,每天开站会进行监控,最后进行总结和复盘。

(1)需求管理

一个健康的需求评审会,一定要保证所有相关成员全部参与(产品、运营、开发、测试等),确保每一个人的信息都是同步的。此外,评审不能只是形式化地走过场,一定要精细化讨论所有的细节。所有需求要在一开始全部沟通好,后续就可以避免很多 Bug 与风险。

(2)计划管理

对于双 11 大促,我们并不是只忙那一个月,早在 6 月底,公司就已经开始做目标的设定以及 PRD(产品需求文档)的评审,将当年所有要投入的玩法,要做的产品全部设计好。7 月,运营执行的计划就会排出来,大团队项目就会正式启动。8 月,各式各样的大促活动就会陆续开始开展,一路下来一直忙到双 11 结束。在项目开始时,我们就会设定好这些大的里程碑节点。

接下来就是将每一个子项目的计划都梳理出来,很重要的一点是,一定要将每个计划都拆得很细来进行估算,最好是能精准到 2 ~ 3 天,具体分配到每一个人身上,只有这样才能避免延期。而排计划最实用的方法就是倒推法,比如说,某个项目 1 月 31 日要上线,那么我们需要计算多长时间做一个联调,多长时间做一个测试,用这种倒推时间的方式来制定计划。如果哪一块的时间不够用了,我们再去简化需求。

（3）日常同步

我们在做双 11 的时候，对于核心的项目，每天都会组织核心成员一起碰头，以确保大家每一天都有 10 分钟来做进度、风险的同步，这种同步有助于大家快速排解问题、掌控风险。此外，阿里巴巴集团内有很完整的项目管理平台来做管理，我们会将所有的项目、子项目全部标示出来，对风险、进展全部进行可视化展示。项目经理就可以站在全局的角度了解要关注哪些风险、哪些任务可以放一放。每周我们都会对着系统一起对焦进展，查看项目是否正在按进度进行推进，如果发现有风险，就找到具体的子项目经理一起重点跟进。

（4）需求变更管控

我们经常说要拥抱变化，但是如果你不断地提一些新的需求，或者需求不断产生新的变化，那么这些都会造成整体项目的延期或一些不确定的稳定性风险。所以在大促的时候，一定要严格要求纪律，按照如图 7-16 所示的需求变更流程来进行，我们才能确保双 11 当天大家的体验是最好的。我们会要求产品经理将需求、价值、PRD 改动点全部描述清楚，然后交由对应的业务主管审批，审批完后再上交给业务总裁做审核；审核完，交由对应的产品、测试、大促大队长逐一审核，直到整个链路审批结束。大家可能会觉得这样做成本并不是很高，或者这样做效率很低下。但是这样做解决了一个很重要的问题，即信息透明，其可以确保核心链路上每一个角色都能及时通知到，并快速达成共识。我们还要强调的一点是投入产出比，即这个变更对于整体的价值到底能有多大的贡献。

3. 风险管理

2019 年，我们与支付宝联合，做了一个"码上双 11"的活动。用户在支付宝收集不同的图案码，在 11 月 10 日当天可以去开奖池瓜分 11.11 亿元人民币。这是一个很好的增长玩法，但是其背后其实存在很大的风险。当大量的用户都在晚上 8 点一起进入支付宝和手机淘宝的时候，很有可能会导致整个系统挂掉，从而出现用户分不到钱、分错钱或是页面刷新不了的问题。这些问题一方面会导致大量用户投诉，另一方面这些流量也会流失浪费。

为了满足这次活动的大流量需求，技术团队很快就将所有的风险都识别了出来，展开了详细的风险应对方案。例如，详细的流量模型、系统架构设计评审等，我们还进行了多次的全链路流量模拟测试。当天也有上百位同事在现场值班，以确保整个活动能够圆满进行。活动结束之后我们还做了复盘，针对每一个流量模型、每一个环节，去思考有没有哪里设计错了？哪些地方还可以改进得更好等。

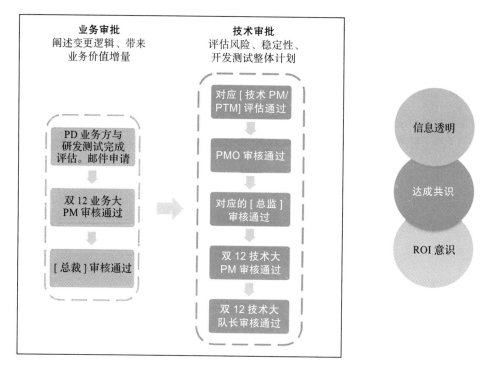

图 7-16　大促项目需求变更流程

所以一个增长方案除了考虑业务玩法之外，风险评估也是相当重要的，而且还要在结束后仔细地复盘，以确保同样的问题不再发生，以便能够持续进步。

4. 平台沉淀

我们除了要完成用户增长双 11 项目之外，还要将过程中所用到的方法与经验沉淀成产品平台，将来这些数据与能力还可以不断复用与横向扩展，以赋能给集团的其他部门。所以淘宝天猫设立了一个自研的用户增长平台，其可以基于数据进行自动识别，根据不同的人群画像打标签，并根据这个标签更进一步地完成匹配策略池。例如，对于女性同胞，可能用十块钱的红包转化效果更好，而对另一些人，可能用饿了么红包转化效果更好。这些策略完全是通过算法来自动进行动态调配的，以达到一个完全自动化的境界。

7.3.4　小结

做好了用户增长之后，整体的目标便是采用军团作战的方式，拉通淘宝、天猫、支付宝、共享业务等，一起完成双 11 的大促项目。对于每一个业务，我们都要进行精细化的项目管理和用户需求评审，可以小步快跑地完成实现。对于每一个部分，我们都要依赖数据来做决策，并且沉淀在平台、产品上，这样才能永续运转、解放人力。用户增长不能是头脑发热式的决策，否则是无法提效和增长的。

面对跨团队的大型战役，我们不是用流程或纪律来进行鞭策，而是要让团队达到自组织、自驱动，激发团队去找到自己的愿景和使命，这样效率和执行力自然能够提升上去，自驱动的团队才是一个理想的团队。

7.4　创新业务项目管理——FashionAI 线下店

文 / 顾珊珊（摩珊）

7.4.1　重"新"出发，从"零"开始

自 2017 年开始，在新零售战略的背景下，阿里巴巴集团内萌生出了许多新零售创新业务，本节将要介绍的 FashionAI（大淘宝技术部内部名称）便是其中之一。下面介绍一下大淘宝技术 PMO 以及笔者个人做"新零售"项目的起点。

每个业务都有其使命和愿景，但业务方对项目管理的诉求却大致相同：切实有效、专业可靠。如果将业务方比作"母亲"，项目管理者就是"助产士"，其职责是保障新业务"婴儿"顺利出生、平稳落地。那么问题来了：作为一家电商企业，组织上当时并无线下项目经验积累，管理类型也是以单一的软件项目管理为主，但现在所负责的"新零售创新项目"涉及范围广泛且复杂，除了软件开发之外，还囊括了智能硬件开发、软硬件集成，甚至"零经验"的空间设计和装修工程。干系人也扩展到集团多个职能部门（法务、财务、采购、税务）、行业品牌商、供应商。即便如此，企业仍要求确保业务按时"顺产"落地。就这样，在从 0 到 1 的创新业务

中，组织重新出发，突破了项目管理的新边界，就笔者个人而言，这一切也是"从零开始"，FashionAI 线下店是笔者加入阿里巴巴集团后所接手的第一个项目。尽管此前已有 7 年的科技公司项目管理经验，也带领过组织经历敏捷管理变革、行业技术变迁，但面对新业务、新技术、新行业的高度复合，笔者仍然感受到了前所未有的挑战。

7.4.2　先是创业者，后是项目管理者

推动创新落地的项目管理者必须具备企业家精神。创新业务从 0 到 1 的发展分为四个阶段，即创意阶段、立项阶段、开发阶段、测试迭代阶段。项目管理者不是只出现在立项后，而是贯穿始终，在业务创立初期就开始投入。创新从何而来？为了解决什么问题？其中运用了哪些技术？如何实现价值主张？对于这些问题项目管理者都必须了如指掌，他甚至还需要快速掌握基本的行业知识、技术知识，形成跨领域、结构化的认知，后期才可能有效地拆解业务目标、构建创新过程中的持续迭代、快速响应意外及变化、有效实施复合型项目管理，并最终沉淀出新的项目管理经验。

以 FashionAI 为例，其创新根植于"让机器读懂时尚"的理念，业务面向的是服饰行业中品类与设计要素最丰富的女装。FashionAI 线下店在立项前经历了技术储备、场景探索、市场调研的过程，期间 PMO 与业务方共同参与了这些过程，具体说明如下。

（1）技术储备

FashionAI 是一个以技术创新为主的业务，业务团队在图像算法的技术沉淀、淘宝达人经验学习、服饰领域的学术合作基础上，发展出了 FashionAI 算法。此外，线上线下技术架构的打通、智能硬件的飞速发展和场景化验证、算法能力与行业场景的适配，都为业务发展奠定了全面的技术基础。笔者作为技术驱动型业务的领导者，需要了解算法实现服装搭配及展示的原理、智能硬件在具体应用场景中的工作原理。

（2）场景探索

在完成技术储备、业务方与设备商建立合作关系之后，智能试衣镜、搭配互动大屏这类集成了智能硬件、算法、软件的终端，陆续试水品牌门店、集合店，从而

完成了创新概念与实际场景的对接。与很多行业一样，场景探索这一环节在创新初期是很常用的，需要通过建立 PoC 项目来完成。项目交付会成为创新业务是否继续的关口判断依据。

（3）市场调研

立项前我们主要采用次级市场分析的市场调研方式。据统计，时尚产业万亿级的市场价值构成中，电商业务仅占 27%，线下业务仍是时装零售行业的主要销售来源，这为 FashionAI 业务明确了大方向。消费者调研、商家调研则贯穿在整个创新业务发展周期中，包括项目落地后的迭代期。商家调研是笔者重点参与的环节，在此过程中能够发现之前对行业理解的偏差，可以了解到商家在销售环节的痛点、盲点，以及对线下"新零售"的预期。调研后，我们会对商家需求和技术匹配度进行定性分析，如图 7-17 所示，这些都有助于合理评估风险与问题的"轻重缓急"，以及业务是否在正确的方向上迭代发展。

选品：选不好，选不准；商品表现评判标准单一
销售：连带率、销售额难提升
服务：店货、人货匹配不准，难以提升人效

商家需求	优先级	可提供的技术手段			
		硬件	算法	后台运营系统	线上线下联动
抓取销售过程数据，评价商品表现，反推店、货匹配度	高	智能锁扣镜面屏	行为识别算法	数据收集与统计	
店、货匹配规则，指导后期选品及门店商品规划	中		搭配引擎	后台搭配选品系统	
在顾客自行选择之外，依据销售策略推荐商品，提高连带	高	镜面屏		后台搭配选品系统	
新品研究，筛选易连带、"安全"款	高	镜面屏	人、衣搭配规则搭比秀展示		
辅助运营，增加商品曝光	中	镜面屏	搭配算法	后台搭配选品系统	
用户线上线下消费统一管理	中			CRM系统打通	线上产品

图 7-17　商家痛点与技术相关度分析举例

完成上述过程后，FashionAI 线下店明确了价值主张：集成一系列创新技术并应用到服饰新零售场景中，在为商家带来利润的同时，为消费者提供极致的购物体验，

如图 7-18 所示。

图 7-18　FashionAI 香港快闪店内体现价值主张的背景墙

FashionAI 线下店项目随即确立。项目为"新零售门店运营体系"的落地负责，打造从销售前选品、销售中服务、销售后延伸消费体验至线上的数字化链路，形成新颖、高效、数字化的人、货、场关系来赋能商家，如图 7-19 所示。

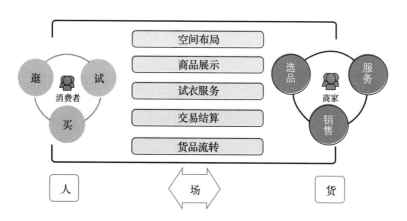

图 7-19　FashionAI 线下店运营体系示意图

对应新零售门店运营体系，产品架构上做了多元的模块化设计，使产品具备可伸缩性和可扩展性，以提供各类品牌门店、卖场的规模化复制能力，便于构建标准化服务能力和调节运营成本。从项目管理的视角出发，我们设计了与之相配套的"复合型"项目管理框架（如图 7-20 所示），由工程、硬件开发、软件开发等一系列不同类别的子项目构成项目组合。

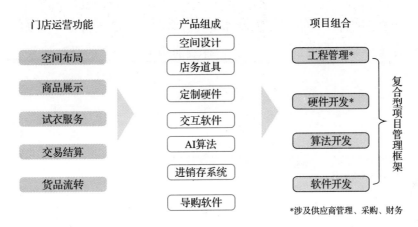

图 7-20　FashionAI 线下门店产品构成与项目管理框架

7.4.3　让复杂项目"复"而不"杂"

在立项后的 9 个月内，FashionAI 线下店不仅实现了从 0 到 1 首店落地，而且进行了 2 次迭代升级，其中一次还是在中国大陆以外的地区实施的，具体如下。

- ❑ 2018 年 5 月 10 日：阿里日，首家体验店在阿里巴巴西溪园区内开业运营。
- ❑ 2018 年 7 月：FashionAI 人工智能大会期间在香港理工大学落成升级版的快闪店。
- ❑ 2018 年 9 月：园区店二期改造完成，再次开业运营。

你一定会感到很好奇，在"零经验"又高复杂度的情况下，这些是怎样有序进行并逐一实现的？除了常规项目管理的"套路"之外，大部分都是通过边实践边总结，边"踩坑"边复盘摸索出来的方法。

多年来行业领先的跨国企业的产品管理经验告诉笔者，在理想情况下，业务目标决定了产品架构，产品架构决定了管理流程，管理流程又决定了组织结构。然而，在一个成熟业务高速运作的组织里，为创新业务调整组织结构，成立专属的部门是不可能的。这就意味着项目管理者要在跨部门协作中发挥作用，以项目为单位聚拢资源，组建起纵向决策可落地、横向跨职能协同、内外对接可控的项目团队。

为组建这样一个项目团队，FashionAI 首先引入了"合伙人制"。在团队结构纵向的顶层建立起一个由业务"一号位"、各（能力资源）出资方组成的"合伙人小组"。这个虚拟小组类似于"SteeringGroup"，把握业务方向，做出业务决策。项目经理（PMO）则自顶向下桥接了业务决策方和每一个子项目执行层级。横向上又将每一个实施环节用明确的职责分工、有效的沟通机制"缝合"起来，如图 7-21所示。

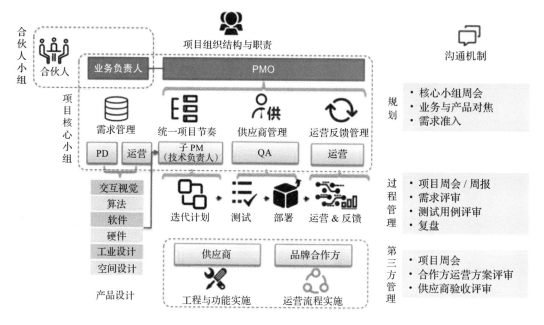

图 7-21　FashionAI 线下店项目组织结构与沟通机制示意图

然而，仅仅是把人组织起来，建立上传下达、各级汇报与信息同步的规则，远不足以实现从 0 到 1 的目标。项目交付是否还原了产品设计？是否具有系统性和完整性？项目管理者要进行最终确认，并为此结果负责。众所周知，在一个复杂的系统中，一旦某一个环节出现了问题，就会对结果造成重大偏差，补救的代价又往往十分高昂。所以 PMO 必须掌握不同交付对象和产品系统中各模块的交互链路的大图，并对过程进行强管控。通俗地讲就是，PMO 要成为最清楚各个角色在什么情况下应该做什么的人，并且要为各个角色设计行动轨迹，也就是"流程"，如图 7-22所示。

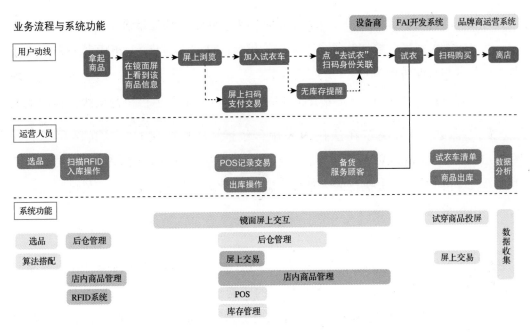

图 7-22　业务流程与系统功能关系图

7.4.4　横向有序，纵向复合

由于创新业务的发展阶段会经历多次迭代，每个迭代规模实际是一个有始有终的"项目"。例如，FashionAI 线下店一期项目，需要在 4 个月内完成如下任务。

1）法务风险评估和专利申请。

2）确立供应商、品牌商的商务关系。

3）算法开发并集成到各前后台系统中。

4）智能硬件系统集成和功能验证，并与工业设计结合，产品化成为实现货品联动、货屏联动的镜面屏、智能锁扣设备、人脸识别进店注册设备。

5）软件系统全链路整合，包含消费者进店注册系统、试衣服务系统、购买结算系统，以及店内选品、库存管理系统等。

6）配合用户动线、运营系统的店务道具、空间设计、店铺装修。

7）最终交付的是在园区内可运营的线下智能化女装卖场。

从对创新业务的阶段性结果负责的角度出发，项目管理者要有"纵横交错"的思维方式，也就是需要从如下两个维度进行思考和规划。

横向：设置关卡，确保项目在朝向目标的正确轨迹上快速推进。

纵向：深入到复合叠加的各个子流程，找到各自的关键节点、相互依赖的关键节点、与关卡相关的关键节点。

1. 横向：阶段—关口

横向维度，笔者决定在迭代内采用传统的"阶段—关口"的决策机制。如图 7-23 所示，FashionAI 线下店复合项目管理流程总共分为 4 个阶段、3 个关口。其中"阶段"由 PMO 负责执行的完整性（输入物、输出物符合要求），"关口"处由合伙人小组负责判断是否继续。

（1）阶段 1：分析评估

在分析评估阶段，由业务负责人定义本迭代需要完成的业务目标，并由产品经理拆解为需求分析和产品设计。各合伙方的职能经理需要确保资源和能力可以完成目标。同时，PMO 要协同财务、法务完成财务预算申请、法务风险评估、知识产权策略分析等，执行阶段的步骤具体如表 7-1 所示。

表 7-1　执行阶段的步骤举例（适用于各子项目流程）

分析评估阶段		
步　骤	输　出	负责人
1　业务目标制定	业务需求描述	业务负责人
2　产品规划与需求分析	产品需求描述	产品经理
3　组织资源与能力评估	参与职能、人员名单	职能经理
4　预算规划与申请	审批确认邮件或证明	财务
5　法律合规风险评估、知识产权策略分析	法务意见、知识产权保护方案	法务

其中，第 4 步会出现如下两种情况。

第一种，预算给定。后期所有的项目开销都控制在一个既定范围之内。项目经理必须对每项开销进行严格的计划和监控。

第二种，按照需求评估预算范围。项目经理在分析评估阶段会参与预算评估，PM 需要根据历史经验结合新需求，给出预算的大致范围，并由业务负责人向财务申请相应的预算资金。

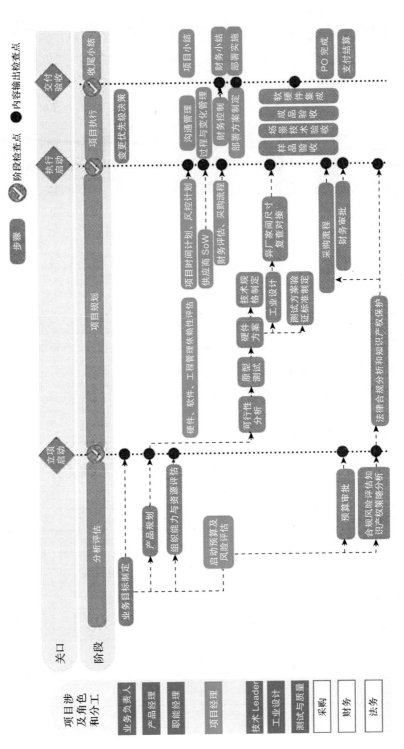

图 7-23　FashionAI 线下店复合项目管理流程

第 5 步，法务评估。对于涉及算法和智能硬件的开发项目，法务介入的主要目的是进行知识产权保护，尤其是为由第三方参与的项目提供知识产权保护的解决方案。

（2）关口 1：立项启动

立项启动关口位于分析评估阶段之后，作为是否开始投入项目规划、技术评估等工作的判断点。由 PMO 确认用于关口判断的输入是否完备，确认完备后，再由评审人对检查点进行逐一确认，并给出最终的判断结果。结果可能是通过、不通过、有条件通过（需要补充下一步所需的分析）中的一种。

（3）阶段 2：项目规划

通过"规划启动"关口之后，各方投入资源开始进行分析评估、制定项目计划。项目规划阶段会依据立项启动阶段的输出，将目标转化为具体的实施方案，并产出规划以指导后续项目的执行。从这个阶段开始，项目就体现出"复合项目"的特点，过程中会涉及多流程相互依赖、诸多角色协同配合的问题。项目规划阶段是整个项目周期中最重要、也是花费沟通成本最高的部分，可以起到"磨刀不误砍柴工"的作用，硬件开发流程在规划阶段的步骤具体如表 7-2 所示。

表 7-2　硬件开发流程在规划阶段的步骤举例

规划阶段			
	内　容	输　出	负责人
1	可行性分析	可行性分析报告	技术负责人
1.1	判断集团内是否有现成的方案	判断结果	技术负责人
1.2	是否有自研能力与资源保障	判断结果、自研能力评估与资源使用方案	职能主管
1.3	是否需要第三方定制（可选）	第三方能力要求	技术负责人
2	模组选型与原型测试	功能、兼容性测试报告	技术负责人
3	硬件方案设计	技术方案	技术负责人
4	技术规格书制定	技术规格书	技术负责人
5	工业设计	设计稿	工业设计
6	测试方案、验收标准制定	测试方案、测试用例、验收标准	测试 &QA
7	项目时间计划制定	项目时间计划	项目经理
8	风险评估与风控计划制定	风险评估表	项目经理

（续）

规划阶段			
	内　　容	输　　出	负责人
9	法律合规分析及知识产权保护	专利	技术负责人
10	供应商工作范围确定	工作范围	项目经理
11	供应商筛选（可选）	供应商评估报告	技术负责人
12	财务评估	供应商报价、采购项报价与预算比对	项目经理
13	采购管理		项目经理
13.1	采购申请（PR）	PR 审批	项目经理、财务、采购
13.2	寻源、合同申请、签订	有效合同，附件：SoW、验收标准	技术负责人、采购
13.3	下单	订单	项目经理、采购
14	财务管理	采购明细、预算管理	项目经理

（4）关口 2：执行启动

执行启动关口位于规划阶段之后，作为是否启动项目执行的判断点。关口是否通过，将按照项目规划阶段的计划开始投入成本执行项目。并且下一阶段的顺利程度，风险水平，是由这个关口对规划阶段执行的质量、充分程度的评审是否严格直接决定的。

（5）阶段 3：项目执行

项目执行阶段虽说是按照项目规划阶段的计划来执行的，但由于在某些领域经验有限，难以"未雨绸缪"，我们在 FashionAI 线下店一期执行过程中遇到了不少意想不到的问题，踩了不少"坑"。持续风险管理、持续计划（Rolling Planning）成为项目管理的主旋律，有时候甚至是靠"急中生智"来解决问题，事后这些都化为了经验及具体的验收标准，具体如表 7-3 所示。

表 7-3　硬件开发流程在执行阶段的步骤举例

执行阶段			
	步　　骤	输　　出	负责人
1	样品验收测试	测试报告	技术负责人、测试负责人、工业设计
1.1	样品硬件功能、性能及软件、算法等调试，样品本身技术评估		

（续）

执行阶段			
	步　骤	输　出	负责人
1.2	外观结构、材料验证，重复优化、循环		
2	场景、技术验证	测试报告	技术负责人、测试负责人、工业设计
2.1	软硬件集成测试，与测试规范比对		
2.2	硬件样品在业务环境中的验证		
2.3	样品复制及业务模式试行		
3	成品制作、验收	验收报告、收货单	供应商、项目经理
4	过程监控与变化管理	变化管理方案、项目计划	产品经理、项目经理
5	到下一关口的风险评估	风险评估报告	项目经理
6	财务管控	预算使用情况汇总	项目经理
7	交付后部署方案制定	部署方案	项目经理
8	沟通汇报	项目周报、会议纪要	项目经理

（6）关口3：交付验收

交付验收是最后一个，也是最重要的一个关口，具有对最终项目进行交付验收的作用。是否通过的判断依据来自执行阶段最后的输出。在将结果交予合伙人之前，PMO需要调用对整个系统的全局认知，保证输出完备，并足以达到可决策的程度。

（7）阶段4：收尾

通过"交付验收"关口后，即可进入项目最后的收尾阶段。虽然最复杂的阶段已经过去，但收尾工作的质量决定了整个项目管理流程的专业性、完整性。收尾阶段的步骤虽少但并不轻松。尤其是在部署、总结中遇到的问题，会成为下一个迭代的重要输入，以及产品需求的来源。而且对于一家数字化、智能型的线下店，收尾阶段还会涉及与品牌方人员的高度合作，例如，对运营人员的软硬件使用的培训、与产品动线设计配套的顾客服务培训，等等，具体如表7-4所示。

表 7-4　收尾阶段的步骤举例

收尾阶段			
	步　骤	输　出	负责人
1	部署及培训执行	部署方案、培训手册	测试、运营
2	项目总结与汇报	硬件开发总结报告	项目经理
3	财务小结	财务总结报告	项目经理
4	采购订单完成	PO、支付单	项目经理

2. 纵向：层次交叠，环环相扣

FashionAI 线下店每个子项目的复杂度和周期存在着巨大的差异，而且相互之间又深度依赖，所以在规划项目管理方案、定义阶段关口时，采取以其中复杂度最高、对其他项目依赖度最强、周期最长的项目管理流程为主，其他流程则作为子流程对其进行输入，或者是作为其嵌套流程。所有流程都会定义参与的角色、执行步骤、相互之间的关联关系等。

FashionAI 线下店项目是以复杂度最高、项目管理经验薄弱、链路最长的定制化硬件开发为主流程。硬件开发试错成本高，一旦启动执行，就意味着大量的成本投入；越到项目后期，修正问题的成本也就越高。于是，硬件项目管理的特点是：重规划，甚至包括对可能出现的变化和问题做好预案，以便在问题发生时可以立即启动预案。该特点也直接导致了规划阶段的复杂度、沟通成本非常高，其目的也正是为了从如下这几个方面最小化后续阶段的风险。

❑ 技术可行性。

❑ 工业设计与功能性能兼容。

❑ 供应商成本、进度、配合度、交付质量可控。

最后，PMO 需要集成各方面的经验、识别的风险以制定预案。

此外，对于定制化的硬件，作为方案主体，必须注意专利保护，尽早引入法务角色。为了确保供应商日后的配合度、质量可控性，需要采购及早接入，参与选型、招标，以免因流程时长而影响项目进度。

其他流程会在不同阶段与硬件开发产生关联和依赖，具体说明如下。

❑ 软件开发流程在组织内较为成熟，管理力度可以偏弱，主要是交给技术负责人作为子 PM 来管理，与硬件开发并行，软件开发交付结果最终将与硬件进行集成。

- ❑ 硬件设计对工程管理中的"设备设计"将造成直接影响。"设备设计"的强弱电、网络规划依赖于硬件设备的技术规格。
- ❑ 软硬件集成测试后，需要在装修工程执行收尾期进场安装，并完成实地场景测试。

7.4.5 经验之谈

所谓"经验之谈"，也可以理解为踩"坑"后的教训总结。

1. 供应商合作

在 FashionAI 线下店这个复合型项目中，有一个非常关键的角色——供应商。它的存在弥补了我们在硬件设计、硬件及道具定制化生产制造、店务装修方面的能力缺失。如何与供应商协同合作，使其成为项目的一部分，将直接影响项目的最终交付质量。对供应商的管理需要贯穿规划、执行、收尾这 3 个项目阶段。

（1）规划阶段

首先，在匹配业务需求阶段，由技术负责人或设计师沟通需求，并评估供应商能力。对符合要求的供应商，进行进一步的需求对接，包括提供技术规格书、设计效果图、验收标准等。过程中需要注意知识产权保护。需求对接后，供应商需要提供深化后的方案、工程图、测试规范、时间计划。综合供应商提供的信息，制定 SoW（Scope of Work，工作范围）、项目计划。同时，供应商还需要提供项目接口人，以便于在执行过程中沟通状态、管理变化等。

其次，在采购流程中，采购员角色需要尽早引入，参与供应商筛选。在进行初步需求对接后，可以要求候选供应商提供初步报价。报价将与技术能力一起，纳入对供应商评估的参考中。最终选中的供应商，会在提供可行性报告的同时提供进一步的报价信息。采购申请会参考此报价。采购审批完成后，在合同确立阶段，将已经达成一致的 SoW、方案、验收标准、时间计划等一并作为合同的附件，生成具有约束力的法律文件。合同中必须包含知识产权保护、维保等相关章节。合同草拟完毕，发给供应商确认无误后，正式提交。

（2）执行阶段

项目经理和供应商接口人要保证信息畅通。供应商应有规律性地向项目经理汇报项目的进展。在与供应商有技术对接的情况下，项目经理需要主动识别瓶颈或者阻碍是存在于供应商处还是存在于项目内部。对于内部存在的瓶颈必须进行快速推动，避免因内部原因而造成供应商进度停滞的问题。对于由于供应商原因而造成的停滞，除了通过合同进行约束之外，还需要制定备选方案，以避免风险。在执行过程中，设置阶段性验收点也是很有必要的，可以避免问题在最终暴露后而承受巨大的"返工"成本。验收之后的整改，需要制定计划并且保证双方达成一致，以便有效跟进整改计划的实施。

（3）收尾阶段

收尾阶段首先需要确保维保条款应按照合同规定生效，部署过程中由供应商做技术或工程保障。流程方面则主要由采购与财务收尾。

（4）实例分享

门禁系统、智能镜面屏、智能锁扣是 FashionAI 线下门店的重要组成部分，交付质量依赖于两家供应商及各自的二级供应商。需求沟通复杂度大大提升，交付质量控制难度、集成测试成本、质量风险远高于自研或单一供应商。所以，硬件开发管理流程中，供应商管理、质量管理、风险管理尤为重要。即使与对口供应商明确确定了设计要求，也会由于供应商内部的沟通问题，而导致最终交付依然有可能存在偏差。由于硬件的更改周期较长，因此其会对项目进度产生巨大的影响。以定制展架（含智能镜面屏）为例，假设设计还原问题因供应商配合失误而造成，最后的解决方法是，临时在现场和框架生产方指定解决方案，并赶工完成。

另外，硬件的延迟还会影响软硬件的联调。硬件的测试中包括场景测试，即硬件加载软件模拟实际用户操作场景。所以，为了避免将所有的问题都集中在场景测试中来发现，在早期硬件样品验收阶段就需要与软件进行联调。这也就要求了软硬件在开发阶段、时间计划上必须严格同步。

2. 装修工程

之前我们曾经提到过，装修工程需要与硬件开发和部署高度配合，但项目组的所有人都是"门外汉"。FashionAI 线下门店装修与部署中遇到的困难及解决方案可以总结成以下几点经验。

- ❑ 施工前期流程复杂，且流程的进展不受项目内部控制，所以在时间计划上，必须留出足够宽裕的用来走流程的时间，并且每个流程的输入输出条件必须按时按需具备。
- ❑ 在深化设计步骤中，网络规划、强弱电布线必须与硬件设备进行配合，且需要有真实的设备进行实地调试。所以，设备的样品交付时间一般为电气工程完工之前。这是由于在新零售"人、货、场"数字化的背景下，无论是服饰零售还是生鲜，与传统卖场相比，电子设备的数量都有了很大的提升。
- ❑ 在前期必须要注意的一点是，需要与设计装修方沟通定制化的设计需求。而在新零售卖场中，由于新运营模式、用户动线，会引入定制化的新型设备或者灯具照明等配件的安装方式，因此为了避免装修设计公司的传统理念与惯性思维导致安装错误，必须在前期就让他们充分理解空间设计、动线设计背后的逻辑。在项目实施的过程中，也需要设置检查点，以避免因后期返工而耽误进度。

3. 管理团队，经营项目

一个创新型的业务，有可能会存在一时缺少某些资源或角色的状况。为了保证项目能够可持续运作，为长期的业务负责，项目负责人在适当的时候要主动补位，尽领导义务。

FashionAI 线下店一期园区店阶段，项目团队运营暂未到位。笔者就临时充当起了运营。在最后的收尾阶段，笔者凭借对于用户动线设计、产品设计、运营系统的深入理解，结合品牌运营团队在线下零售运营、顾客服务方面的经验，双方紧密合作，制定了 FashionAI 线下店特有的运营方案、服务规范、员工培训计划，最终顺利度过了试营业期，并为二期升级及快速重新运营打下了坚实的基础。

在筹备 FashionAI 线下店二期园区店的过程中，基于对线下服饰零售门店运营的持续调研和学习，笔者向业务方提出了对运营后台进行升级的想法，也得到了业务方的认可。但当时正面临着产品设计资源的断档期，于是笔者又主动充当起产品经理，设计了运营后台系统选品及进销存功能、数据看板功能。这些功能也满足了品牌合作方商业落地的重点诉求。

一个合格的创新型业务的项目经理，不只是管理过程、交付结果，而且还包括"经营"项目。创新业务从 0 到 1 落地需要强大的执行力，快速验证试错并及时调整方向；而从 1 到 N 更是一场持久战。项目结构长短线并存，相互交织嵌套，输出结果，同时还要进行"储能""蓄势"。这对项目经理的学习能力、责任心、耐心、领导力是全方位的考验。

7.5　创新业务项目管理——躺平 C2M

文 / 钱江（翊轩）

大淘宝技术部的新年战略规划，明确了战略和愿景，并将其拆分为多条战役，集结令一旦吹响，事业群内人人皆兵，以期执行团队能将战役、项目与组织战略分别进行对应，从而快速形成搭班子、定目标、拿结果的战术机制，如图 7-24 所示。

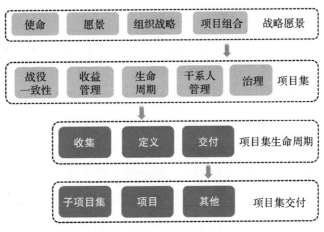

图 7-24　项目组合

躺平 C2M 新赛道战役以家居家装行业为切入点，按照常规思路，我们首先要快速组建项目团队，明确业务目标和价值，做好里程碑计划管理，制定一份工作任务清单，做好范围管理，将目标明确化具体化，一路向下拆解到位，紧接着就是完成资源和风险识别，然后通过数据化监控来衡量结果，最后在不断迭代循环的过程中逐步完善。

但战役发动时真有必要将一切都明确吗？必须是只要有投入就要有回报吗？还是我们先埋头做出个雏形再进行市场检验？其他战役均偏重淘宝天猫"这艘航母"的业务"航行"方向，而创新赛道则充满了话题性，例如，为什么是躺平？它有着什么样的使命与愿景？又为什么要去做 C2M（Customer to Manufacturer，用户直连制造）了，它背后的底层逻辑是什么……

7.5.1　创新战役挑战

创新项目经理在管理过程中经常会有类似如下所述的这些困惑。

第一，明明都按时交付了，项目也成功了，业务却挂了。背后的原因通常无非是项目组没有体系化地理解业务，或者是业务的不确定性因素太多，怎么拆解都不对路，所以项目即使是按时交付了，最多也只是只拿到了技术结果或交付结果，业务却没有任何起色，那么这种表面上的光鲜或繁荣又有什么意义呢？

第二，什么都想做，什么都不舍得放弃，但最终却什么也没有做成。背后的原因通常是觉得什么都挺好，在资源有限的前提下不知如何进行取舍，或者是不想错失任何一个机会，总想着齐头并进，总归会有一条线凸显出来，这不是可以大大增加成功率吗？这其实反映了项目没有抓住重点，投入过于分散的问题。

第三，业务和产品一直在变化。通常的表现是需求一直在发生变化，项目经常被动跟随，或者即使是有质疑变化的，也先落地计划内的工作再说，或者是及时应对变化，但做着做着业务可能就做偏了。

以上三类典型症状相信大家在创新的道路上或多或少都会感觉似曾相识，这就需要我们在启动创新项目之前先花点时间进行系统化思考。在战略的大赛道上我们已经选择了通过躺平品牌切入家居家装行业，我们的使命是：让居家生活随心所欲；即我们未来希望用户在躺平解决家居和日常生活的一切事情，背后的深意终极长远。而我们的愿景是：建立家装家居首选平台。简单拆解一下家居家装行业，其中包含硬装、软装、定制、建材、泛家居周边等，品类涵盖大家具、小家具，配饰、各类成品、定制品等，即在大赛道下必须理清定制（C2M）这条小赛道的选择意义；这就反过来促使我们在启动前必须先明确如下几个问题。

第一，这是一个什么样的市场？市场上都有谁？我们进入市场能解决用户的什么问题? 谁才是我们的竞争对手? C2M 对应的是定制家居市场, 其市场规模 2500 亿元, 且还在高速增长, 但这个领域的领头企业相加市场份额仅占 10%~15%, 这个数据从侧面反映出, 定制家居市场又是一个高度分散的市场, 市场上已有 OP、SFY、SP 等全屋定制企业, 单品牌全国性门店有几千家, 通过设计服务为用户打造个性化的定制空间。

第二, 竞争对手都是如何理解市场的? 他们的价值主张是什么? 这类企业普遍通过营销进行驱动, 线上线下品牌 + 经销商体系全方位覆盖, 他们或打环保牌, 或打促销牌, 或强调提供整体解决方案, 核心还是通过个性化运营为顾客提供量身定制服务; 其扩张思路早期主要体现在品牌营销及多渠道营销上, 近期则转向上下游做多元化渗透。

第三, 未能满足的用户需求是什么? 或者还有什么是没有做好的? 定制行业高速发展的这几年中, 存在一定的用户心智基础, 尤其是中小户型房或首次置业的年轻用户, 他们或关注空间利用率, 或关注家居家装的 DIY, 定制服务契合了这批刚性用户群体的需求, 他们普遍关注甲醛释放含量, 对价格敏感, 有改善居住环境的诉求但时间有限; 那么, 这类企业真的都做好服务了吗? 经深入了解, 关于定制服务的负面评价不少, 大多集中在板材气味大(符合国家标准的前提下)、价格不透明且隐性消费多、交付周期不可控等方面。

第四, 用户有什么现实问题? 而我们又能为用户解决什么问题? 高速增长和负面评价双高表明了用户既有强需求又有痛点, 传统企业未能服务好的地方恰恰可能就是我们的机会。通过产业链的定向分析及成本测算, 我们明确了资本和业务双线并重的策略。资本层面在此暂且不谈, 业务层面我们大胆假设了定制爆品加成品连带的策略, 即以用户为中心, 将"环保、性价比、快"三点均做到极致, 通过产品力赢得用户口碑, 一期通过设计驱动, 打造爆品撬动市场, 同时保证经营不亏损, 后续通过成品或其他高附加值连带拉动经营毛利。

以上层层递进式的推导, 反过来可以促使我们理清业务方向和价值, 虽然还有不少挑战和潜藏问题, 但相比于卡着时间点匆匆归类、罗列需求先干再试错的做法, 明确基本盘面, 谋定而后动, 自然更能提高胜算。

7.5.2 创新战役执行

如果说躺平之于新赛道的战略意义重大，那么 C2M 就是躺平赛道上的关键战役。

C2M 是躺平组织战略下的命题，被选中就意味着我们明白并且认可了 C2M。通过识别产业链关键环节找到业务突破口，可以为我们赢得底气和信心。

接下来我们要做的就是如何执行，确保创新战役高效落地，以达成业务目标，以及如何让一群来自不同行业背景的组织有序融合，这些是摆在我们面前的两大课题。

我们收敛了创新战役执行中的几类主要因素与应对方式，具体列举如下。

- ❑ 复杂度高：需要明确战役目标、收益和价值；对战役进行拆分，化繁为简，以及将各子战役目标具体化，使其具有可操作性；保证资源配置的合理性。
- ❑ 干系人多：不同维度中，高层干系人的关注点存在差异；信息在上传下达的过程中，存在理解不一致的问题。
- ❑ 过程管理：交付物不仅仅是产品和服务；还要注重协同关系、全局影响与多角色转换。
- ❑ 收益路径：战役收益包含哪些内容？可以通过什么样的路径来获得认可？
- ❑ 多样治理：超出了单一项目的管理范畴，与垂直专项协同配合，采用差异化管理模式等。

1. 复杂度分析

根据以上分析，我们率先从复杂性梳理开始入手，秉承规划要看长远，落地要看当下的原则，根据用户路径形成战役执行核心，具体说明如下。

第一阶段，从 0 到 1 验证可商业化。

- ❑ 通过外部合作，建立面向 C 端市场的合作品牌。
- ❑ 双方优势互补，完成从设计到交付的全链路数字化改造，提升关键环节效能。
- ❑ 通过前后端业务落地，打造首个城市运营标杆（新零售与新制造结合），验证爆品策略。

第二阶段，从 1 到 N 验证持续增长。

- ❑ 通过 2C 的口碑效应，对行业形成影响，并通过灵活的业务策略引导后续走向。

❑ 通用化平台能力，拓展业务边界，为后续快速规模化复制做好储备。

战役打法：规划用户路径，通过战役拆分，提取出 MVP 模块，对每个模块的各个项目进行分类，使目标具体化且可操作。

❑ 城市运营：门店 SetUp、日常运营、产品技术、工厂改造、供给能力。

❑ 组织发展：团队组建、培训体系、成长计划。

战役资源配备：扩展能力圈，双方优势领域核心资源投入，能力互补，互相成就。

❑ 第一阶段靠团队：从磨合到建立信任，让各个团队像齿轮一样互相咬合推动。

❑ 第二阶段靠组织能力：可能还是同样一群人，也可能人群发生了替换，但仍可同时支撑多个城市的规模化发展；此外还有业务扩张，团队管理能力如何与时俱进的问题。

2. 干系人管理

如图 7-25 所示，干系人管理整体可分为如下几个部分。

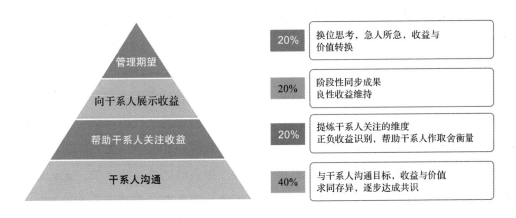

图 7-25　干系人管理

初期：双方各设立一位业务 1 号位，并与业务 1 号位沟通具体的落地目标、收益与价值，有分歧的部分求同存异，逐步达成共识，并完成信息自上而下的传达。

中前期：根据战役打法的拆解，围绕第一个城市经营对子模块做进一步的细分拆解。组建五横十纵的扁平化阵型，即设立 10 支重点专项分队为纵向部队。设立业务、产品、技术、质量、项目为 5 支横向部队。双方均各有一名负责人，纵向部队聚焦专项目标，横向部队定期进行信息评审，通过网格化的合纵连横，快速拉通信息并向业务总负责人汇报。快速完成信息自下而上的提炼，既可以帮助各小组负责人看清自身的目标，同时又能帮助业务 1 号位快速识别正负收益，及时在过程中做出衡量和取舍。

中后期：各纵线部队定期同步进展和成果，横向部队从职能的角度评估各职能线是否良性运转并及时归并风险，及时向业务 1 号位或更高层（VP/CEO）展示阶段性收益。通过扁平化组织透传信息，这样既可以反应执行层面的实际情况，又能更好地管理老板的期望。

3. 过程管理

在盘点完战役中的事和人之后，我们首先需要有一个简单而且仪式感很强的联合启动会，具体说明如下。

1）由合作方 CEO 及双方业务 1 号位展望未来，保证双方全员目标统一。

2）由双方 PM 同步共同宣言，包括里程碑计划、团队组成、项目约定和风险，通过机制和工具确保内部正常流转。

3）全场问答，记录历史时刻。

其次，考虑到毕竟两家公司背景文化差异巨大，而且商务还没有完全签署，过程中产生思维碰撞在所难免。虽然设立双轨制的初衷就是要让纵向负责人发挥带头作用，横向负责人发挥协同作用，希望大家能抱着使命必达的态度先一起解决第一个挑战，但这还远远不够，创新具有可持续性，团队的磨炼也很重要，通过这一仗的原始积累，不仅要达成业务目标，团队成长也是很重要的财富，未来可能还会面临多个战场并起的情况，因此需要团队中的这批人将经验和技能传承出去，所以在第一战的过程中，我们还需要再往下挖一层，将重要的地方做深做透。过程管理图示如图 7-26 所示，具体说明如下。

首先，从项目冲突、矛盾、大局等维度具体来看，一般会鼓励项目组在方案前期讨论时进行充分沟通，通过启发式冲突引导团队正确认识项目中的冲突问题，用沟通的方式解决冲突，在决策前充分沟通，决策后坚决执行。无论矛盾是来自内部还是外部，也无论矛盾大小，需要采用一些更圆润温和的解法。另外，项目涉及领域较广，产品技术只是其中一部分，这就要求我们必须充分识别子项目的特征，并定制化项目的治理方法。

图 7-26　过程管理

其次，从项目整体的高度、宽度、深度来进行分析，我们一般会鼓励大家耐心倾听，用问题代替答案，用信任代替担心，放下原有的思维框架换位思考。需要说明的是，我们并不缺少做需求的技术人员，我们更需要提升业务意识，有时一些问题可能只是角色立场不同，换个角度可能就会豁然开朗。面对紧急又重要的问题，是先快速解决问题？还是先权衡轻重，以四两拨千斤的技巧影响整个局势？

4.收益路径

每个项目组织都会依靠获取收益来实现我们的战略目标，我们不但要明确收益路径，量化收益结果，还要发现收益背后的无形价值，图 7-27 所示为收益路径。

（1）有形收益

1）用户价值：实现极致性价比（199 元 /m²），更环保（通过原材料控制，甲醛释放含量优于国家标准）、更快速（20 天内交付安装）。

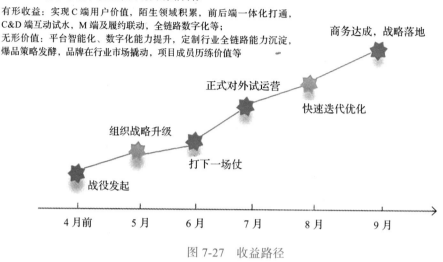

图 7-27　收益路径

2）选址 & 装修：3 个多月完成选址及商务谈判，装修陈列，合规报批，线下运营团队组建和培训等。

3）门店整体：围绕定制设计切入，为门店提供整体解决方案，包括导购、会员、工单、设计、项目、订单、生产、配送、安装、售后等。

4）C&D 互动：用户通过 C 端躺平 App，设计师通过门店工具，使得双方在方案设计、生产及物流过程方面保持同步，设计师可与用户建立起有效的协同机制。

5）M 端及本地服务：IoT 技术可以使得制造设备上云，让生产过程全程可见。订单在工厂审核、排产、流转、配送、安装，以及售后的过程变得更加透明。这也为制造过程的不断优化及提效，以及"最后一公里服务"的升级打下基础。

6）数字化：门店通过摄像头视觉计算能力可以分析出用户动线和场景热点。后续结合交易数据和商品数据，能够更准确地对场景和商品进行筛选。

（2）无形价值

无形价值包括平台智能化、数字化能力的提升、定制行业全链路能力的沉淀、爆品策略发酵、品牌撬动行业市场、项目成员历练价值等。

5. 多样治理

战役一致性并不是指战役内部目标永不改变，其更多的是强调与战略的对齐，以及战役内项目拆解的准确性。在战略落地的过程中，必定还潜藏着很多执行层面的不确定性，在这里，我们需要通过几个小方法将不确定性降到尽可能低的水平。图 7-28 所示为多样治理主要内容。

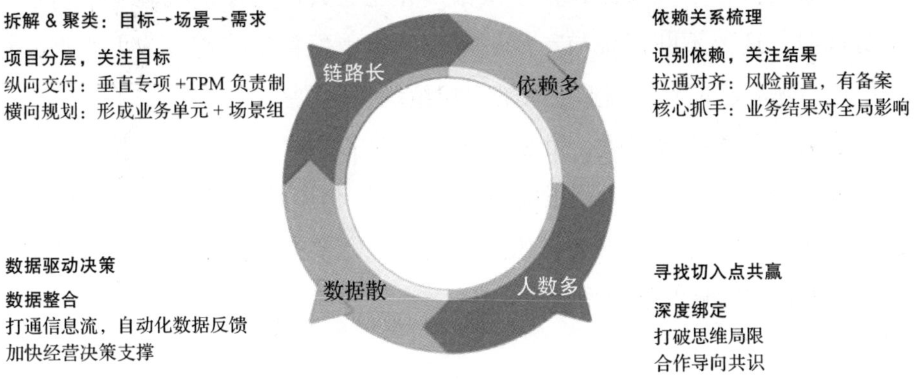

拆解 & 聚类：目标→场景→需求

项目分层，关注目标
纵向交付：垂直专项 +TPM 负责制
横向规划：形成业务单元 + 场景组

链路长　　　依赖多

依赖关系梳理

识别依赖，关注结果
拉通对齐：风险前置，有备案
核心抓手：业务结果对全局影响

数据驱动决策

数据整合
打通信息流，自动化数据反馈
加快经营决策支撑

数据散　　　人数多

寻找切入点共赢

深度绑定
打破思维局限
合作导向共识

图 7-28　多样治理

例如，我们通常会遇到如下几类典型场景。

第一，战役链路长。我们会对战役进行拆解和聚类，对各大小项目进行分层，以识别真正的重点专项，关注专项目标和战役目标的对应性。前面讲解干系人相关内容时提到的设立扁平化阵型，也是为了将事和人对齐。

第二，战役相互依赖多。模块间的依赖关系也要着重梳理，拉通对齐后有利于识别风险，抓住核心问题，以便更好地识别风险对全局可能产生的影响，从而建立备案或将风险前置消化。

第三，战役跨公司 / 部门多。每个小团队除了拥有同一个业务大目标之外，往往还带有从自身角度出发的思维局限性，这一点在中前期会大大影响协作的效率，这就需要我们找对切入点实现共赢，通过深度绑定让合作关系变得更紧密、更持久。

第四，战役数据散。战役拿到初期结果是可喜的，此时必须同步建立数据反馈机制，只有拥有完备的数据化体系，才能更好地支撑我们快速做出经营判断和决策。

7.5.3　小结

创新项目管理生命周期较长，其中不仅包含了理解业务方向，关注价值交付，而且还要带动全员以创业者的心态参与项目，发现市场、发现机会，找到一个支点去撬动业务。这不是简单的 KPI 分解，而是需要先充分挖掘为什么设定这个 KPI，理解业务的那个"关键支点"，并拆解为关键要素。同时制定一张作战地图，产品需求与业务场景对齐，小步快跑，快速试错，并建立数据化反馈机制。在初步确立以上架构的同时，还要不断识别与新领域对应的组织配备是否符合能力要求，在战役的过程中逐步建立起可支撑商业模式的底层组织架构。

一路走来，业务起起伏伏，可见市场环境并非一成不变，这就要求我们在不断修正的过程中，始终要保持大致正确的业务方向，但落地的那一步必须扎实。同时，我们的团队组织需要保持长期充满激情和活力，既要在心力上有强大的抵御力，又要是能够互相正向影响的学习型组织。

第 8 章

展望未来

本章一方面将结合过去淘宝天猫丰富的交付案例,分享我们的心路历程,另一方面将展望未来,针对不断出现的新技术与新挑战,我们也将不断进行自我提升。

随着淘宝天猫的业务越来越复杂,测试的复杂度也呈指数级上升,我们该如何利用智能化的手段来解放测试、提升质量?

上云是技术运维的趋势,阿里集团完整上云后,开发、测试、运维都有了完全不一样的模式与机制,我们该如何与阿里云更好地协同?研发交付的流程又该如何提效?

8.1 CVT 视觉算法技术驱动无线自动测试升级

文 / 韩方超(素萍)

8.1.1 背景

(1)业务挑战

手机淘宝这艘"航母"承载着丰富的业务形态,既有偏信息流的内容导购类业务,也有链路交互相对比较复杂的互动类业务,在智能化快速演进、业务短平快迭代、App 版本日益碎片化的背景下，无线 UI 的质量如何做到有备而来，是我们需要攻克的难题。

（2）用户体验挑战

移动互联网时代，每天都有博人眼球的新鲜事物诞生，用户有了更多的选择，对产品体验的要求也越来越高，我们不仅要保证正常流程下的体验效果，而且还要保证在接口超时或限流等容灾场景下的体验效果。

基于以上挑战，我们提出了基于图像视觉算法技术进行智能化测试的 CVT（Computer Vision Test）方案。该方案是图像视觉算法与自动化测试、真机调度能力相结合而构成的一套完整的解决方案，可以更有效且高效地应对上述挑战，整体方案如图 8-1 所示。

图 8-1　整体方案图

CVT 方案的核心特点具体说明如下。

❏ 跨开发语言：基于图像能力进行底层驱动和结果校验，将截图作为数据，无差别支持所有语言开发的前端应用场景。

❏ 跨客户端：以图像为输入、驱动、断言，无差别支持 Android 和 iOS，同时业务兼容性较强，相似业务可以无差别支持。

❏ 零学习成本：信息流无须编写脚本，链路交互型脚本会截图、会写伪代码即可完成脚本的设计和开发工作。

❏ 强大的图像识别和断言能力：提供图像区域拆分、目标检测、OCR（Optical Character Recognition，光学字符识别）、相似匹配、差异识别、文本截断、文本图像覆盖、空窗白屏、多余留白、错误弹窗、服务端及网络异常检测等能力。

8.1.2　CVT 应用场景

CVT 方案主要用于多机多版本适配、容灾自动化、UI 性能自动化测试三个方面，接下来我们分别进行介绍。

1. 多机多版本适配测试

在不同手机品牌、型号、操作系统下的适配测试，以及在不同 App 版本下的兼容性适配测试。

（1）信息流无脚本自动检测

信息流无脚本自动检测方案具有以下特点。

❑ 零代码，适合信息流类型业务。

❑ 支持跨端、多 App 场景，既支持静态检查，又支持滑屏和点击等动态检查。

❑ 不用元素遍历即可达到覆盖效果，链路执行开销成本低。

信息流无脚本自动检测方案的运行如图 8-2 所示。

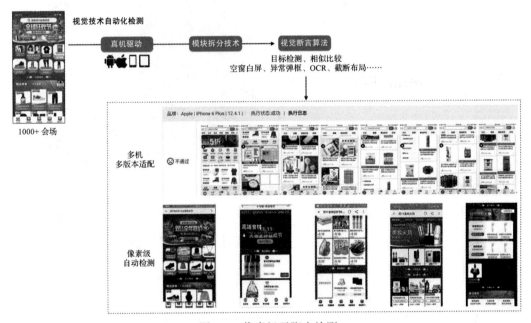

图 8-2 像素级无脚本检测

前置准备：将前台页面以模块为维度进行拆分，通过模块样本扩散能力产生大量真实的样本，经过训练、调优产出能识别模块及其行动点的图像服务化算法。

执行链路：客户端 SDK 驱动打开待测页面，分屏截图，通过算法服务化能力进行模块拆分，完成滑屏及遍历点击，基于图像断言的检测，输出测试报告。

（2）链路自动化

链路自动化方案面向多交互业务，截图即脚本，可以完成复杂链路操作的测试回归。

链路自动化方案具有以下特点。

❑　只需要提供测试 URL，即可进行脚本断言和图像智能检测。

❑　测试脚本由截图和文字自动生成，零学习成本。

❑　支持多端、多 App、CPU/ 内存极限情况测试。

链路自动化测试方案的运行如图 8-3 所示。

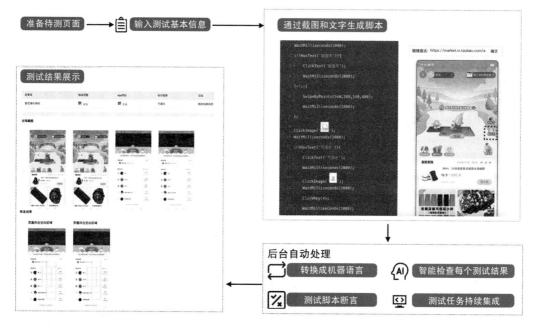

图 8-3　截图即脚本的链路自动化测试

前置准备：待测试的页面、测试需求。

执行链路：输入必要的测试信息，如责任人、业务域、安装包、设备加压的预期数字等，进入脚本生成页面，通过截图和关键文字即可生成测试脚本。之后，测试平台将自动处理，等待测试结果即可。

链路自动化测试方案无差别地支持多交互类型的业务场景，输入 URL 即可享受测试服务。

（3）元素遍历自动化

元素遍历自动化方案还提供了基于元素的遍历自动化测试方案。结合页面控件识别和页面语义识别算法，再结合训练好的图片检验能力完成最后的结果断言和校验，并自动生成测试结果。

元素遍历自动化方案具有以下特点。

❑ 只需要输入待测页面的 URL 即可，零成本完成自动化测试。

❑ 用人工智能算法做遍历回归测试。

❑ 支持多端、多 App、CPU/ 内存极限情况测试。

元素遍历自动化方案的运行如图 8-4 所示。

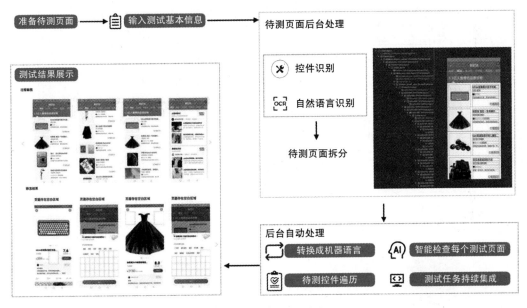

图 8-4　元素遍历测试

前置准备：待测试的页面、测试需求。

执行链路：输入必要的测试信息（同链路自动化），即可等待测试结果。也可以根据业务特点选择需要重点关注的测试点，根据语义识别进行自动化测试。

在需要进行全遍历回归的测试中，该方案无差别地支持不同的客户端，输入 URL 即可享受测试服务。同时，可结合人工智能的能力，最大限度、最低成本地进行回归测试。

2. 容灾自动化测试

（1）容灾自动化测试

在服务端接口限流、超时的情况下，容灾自动化测试可用于校验页面是否容灾、容灾数据是否完整以及容灾数据的前台展现是否符合预期等。容灾自动化测试方案支持页面级、模块级双层容灾，如图 8-5 所示。

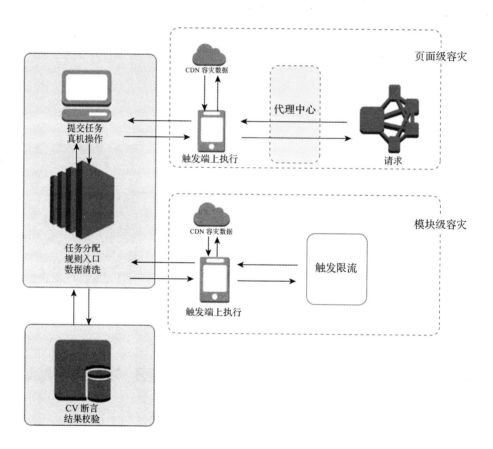

图 8-5 容灾自动化方案

（2）执行链路

打开页面后，通过 Mock 能力，可以将提供给前端的 RPC 接口阻断，构建容灾场景，接下来再通过分屏截图、拼图能力生成多屏长图，最终通过基于图像的断言能力、校验规则完成校验，并产出测试报告。

3. UI 性能自动化测试

对于无线前端页面，我们不仅要关注单页面性能，更要关注在高、中、低端机上多交互场景下的链路性能，以及用户的可交互时长，以确保页面能为消费者提供顺畅的浏览体验。我们可以借助图像驱动能力，完成链路 UI 性能的自动化验证功能，在上线前的 N 轮优化、多种容灾降级场景下，使性能验收得到极大提效。

8.1.3 小结

上述方案均已用于手机淘宝的导购、营销活动、社区、互动、无线发布器等业务场景。以 2019 年双 11 会场为例，这些方案通过万级任务覆盖千级会场，在上线前进行多机多版本适配、链路自动化、遍历测试、容灾自动化、性能检测，以提前发现各类问题，极大地提升了测试的覆盖率和测试效率。

未来，我们会继续将智能化、数据化与质量工作紧密结合，借此提升测试效率，对质量体系持续进行深化演进，为用户带来极致的体验。

8.2　面向云原生的轻量级研发方式

文 / 洪海（孤星）

8.2.1　传统富应用的弊端

传统的应用架构在研发域、交付域、运维域三大领域存在着低效、笨重、高投入的问题，All in One 的应用架构，经历了 Docker 化技术的发展，应用的交付产品包括业务的功能，所依赖的大量中间件的库，运维监控相关的工具（例如，日志采集）等。在这种大而全的应用架构下，打包构建非常耗时，应用的体积也影响了镜像分发的速度，启动期的各种依赖导致了启动速度长达几分钟甚至几十分钟。中间件更新所引发的应用的更新，需要通过应用的发布来达成交付。运维模块与应用共同部署，对应用资源产生了竞争等诸多问题。

过去几年的 DevOps 以 Docker 为基础，完成了交付代码与交付运行环境的融合，从而促成了研发团队集开发、交付、运维职能的一体化，虽然这样做一方面打通了研发生命周期的一体化，减少了过去从研发到运维的协作问题，但是另一方面却大幅增加了研发人员的工作量，在过去由运维团队管理的交付，容量管理等问题并没有得到技术上质的飞跃。

在现有的服务化架构中，服务和服务发现是受应用层面控制的，由应用开发者来决定，流量受服务发现机制的控制。同时，容量管理是面向机器资源的（或者是容器的），机器资源的扩缩容是运维层的工作。从运维的角度，我们无法有效地将容量与服务/流量协同起来，从而导致了运维的工作同时跨越了研发域与运维域。在这个背景下，DevOps 通过将两个角色的职能合而为一来推动效率，但是这样做同时又会加重研发者的工作负担。

现有的技术架构与对应的组织关系实质上扩大了业务研发的职能范围，同时，基础设施和中间件将大量的工作都转移给了业务研发，并且没有有效的方法可以减少工作量，这也严重阻碍了业务研发追求效率的目标。从应用架构到组织协同，我们需要重新划分业务研发和广义的基础设施（中间件和传统基础设施）的边界，这需要将中间件进一步下沉，与传统基础设施共同形成一个新的基础设施层，需要解决中间件的应用领域（比如服务）与基础设施（比如资源）的认知一致性，基础设施需要从理解资源升级为理解应用，从而可以有效地将服务、流量与资源三者合为一体。在基础设施变得更"重"的同时，应用的架构就会变得更"轻"，"轻量级研发方式"和"基础设施下沉"是一个技术变革的两个视角的表达。

8.2.2　轻量级研发方式

轻量级研发方式，可以让业务研发更好地聚焦于业务能力的开发，简化交付、运维工作，推动面向"业务能力"的研发组织形式。

模式一，服务端开发者会从繁重的 DevOps 中解脱出来，聚焦业务功能。目前，最为典型的 FaaS 服务就是以此为目标，以函数为单位来进行研发的，开发者不必关注应用的存在。开发者只需要按照标准的 API 进行业务功能的设计与开发，然后轻轻点击功能发布即可，剩下的事情就交给系统来处理（例如，测试的自动化回归，评估性能，部署合适的容器数量，将流量从旧的版本切换到新的版本）。伴随着业务规模的变化，容量也将进行自动化管理。

模式二，端到端以业务能力为目标的研发方式。这个模式的探索，最早来自前端的 BFF 架构，一个业务功能从客户端／前端到服务端由一个研发团队来完成，以避免在冗繁的前后端分工协作中讨论定义接口，并不断进行调整和协同，以及过程中可能发生的各种不匹配问题。在这种模式下，服务端和客户端使用的是同一个技术栈，比如，前端在使用 js 的同时，在服务端使用 Node.js 开发，iPhone 在开发使用 Swift 的同时，开发客户端和服务端的代码等。

无论是模式一还是模式二，都是期望将应用做"轻"，而同时伴随的就是基础设施变"重"。应用对外部服务的依赖和管理，环境变量的依赖和管理，容量的管理都交给了基础设施，运维具备基于版本化发布的功能，因此运维能够有效地面向应用进行管理工作，通过自动化的方式提升效率，从而使得应用研发能够聚焦于应用本身的业务研发。

1. 服务化能力下沉

从开发者的角度来看，中间件能力从应用中分离了出来，作为一个独立的服务被部署，业务开发者只需要关注中间件提供的 API 即可。业务功能变成了一个独立的容器部署，使得其与中间件的通信方式更加标准化；中间件与容器技术一起下沉到基础设施，形成了一种 PaaS 化的能力。同时，API 也完成了进一步的标准化，形成了统一的编程平面，使得应用的开发者在切换中间件（如分布式缓存、消息队列等）的时候是透明的，以避免对特定技术的锁定。在服务化这条路的探索上，service-mesh、event-broker、dapr 等技术已经从不同的角度开始进行尝试，service-mesh 将服务的流量控制功能（如负载均衡、限流等）从传统应用中分离了出来，dapr 则更进一步提出要将微服务的能力也从中分离出来，从而使得应用能够更加轻量化，进而将中间件能力下沉到基础设施，从基础设施的角度去管理和运维中间件服务。

服务能力下沉是达成这一目标的关键一步，这个目标依赖于多容器架构作为关键手段。为了实现服务能力的下沉，需要剥离原本与应用共存的两大类功能：中间件服务和运维型程序。如果是以进程的方式隔离应用进程、中间件进程和运维进程，则在逻辑上就可以将三者进行有效拆分，这种方式不可避免地存在如下几个潜在问题。

第一个是资源竞争问题，实际上现有的日志采集就是以进程的形式存在的，因此经常会发生与主业务进程在机器资源（如 CPU 等）上的竞争。

第二个是交付问题，业务是以完整的镜像交付的，进程模式必然会将这一工作职能推给业务开发。依托于应用架构从单容器转向多容器，借助于容器的隔离性能力，避免三者之间的资源竞争，同时还可以实现单独构建和交付。业务容器、运维容器、中间件容器的分离，可以使流量控制能力（路由、限流等），以及中间件能力从业务容器中分离出来，将运维能力（log、trace 等）迁移到运维容器中，业务容器只专注于业务功能的开发。业务容器通过架构变化瘦身，加速了应用的构建、发布和启动的速度。中间件的版本发布迭代从应用层转移到了基础设施层，从而将业务开发者从中间件的运维工作中解脱了出来。

关于性能的挑战问题，中间件从应用进程中分离出来时，不可避免地引入了新的跳转，这对成本和运维复杂性都带来了新的困扰，成为这一技术发展路径上必须跨过的"门槛"。回顾过去的技术发展历程，从单体应用到分布式应用，从本机缓存到分布式缓存，从存储计算一体化到存储计算分离，类似的问题同样也出现过很多次，需要通过基础技术的进一步提升，以及计算存储成本的进一步下降来解决。

2. 配置由环境注入

现有的技术体系中，与中间件和基础设施相关的环境都是由应用本身来管理的，比如，连接数据库的参数、连接缓存服务的地址等。由于研发环境与线上环境是不同的，应用在从研发环境到线上环境的发布过程中都需要重新构建应用，环境变量是在研发阶段的应用构建期注入的，并且在应用的启动阶段生效。然而，从运维域的角度来看，这些环境相关的参数调整工作是需要在线上交给运维来进行调整和维护的，而这样的技术形式可以使得环境变量耦合在应用内，逼迫业务研发参与到运维工作中。虽然一些应用也通过一些技术方式，将参数放在了一些配置管理服务上，仍然可以在应用启动期获取这些参数，但是这样做需要面临如下几个问题：一是没有统一的配置管理的语法语义，二是没有统一的配置管理技术，这就会造成运维在面对五花八门的配置形态时，难以进行自动化管理，从而导致无法规模化运营。

应用与环境变量的配置需要解耦，交给基础设施在"部署"阶段注入，让运维侧获取原先由应用侧研发管理的环境变量，从而进一步增强运维侧的管理能力，解放研发侧的工作。在 Kubernetes 的实践中，configmap 就是这样的一个典型例子。

3. 容量自动化管理

容量的自动化管理是一个历史悠久的问题，应用需要调整容量的问题的本质来自两个方面，一方面是流量的波动性，另一方面是性能的变化。流量的波动性是一个最常见的问题，伴随着用户的使用习惯，系统流量每时每刻都在波动；性能的变化则来自应用的变更所引发的性能变化、硬件的升级、架构的调整等各种因素，伴随着系统的变更而发生。我们将"确定性能上处理流量的能力称为负载能力"。现有的容量管理采用的是一种确定性的方式，机器数是固定的，而负载能力是波动的，"用确定性的技术解决不确定性的问题"是这个管理方式的致命问题。

运维域不仅要理解资源，而且还需要认知应用层的服务与流量，这需要通过两个不同的领域找到一个合二为一的切入点，让运维域能够有效地"看见"应用层的信息；另一方面需要借助反馈控制的机制，用自适应的方式来解决容量问题。

（1）流量控制下沉

在现有的技术中，流量控制一直是由分布式通信技术（如分布式 RPC 等）控制的，且一直处于应用层，在传统运维的视角里，只能看到资源（机器和容器）的数量，而服务则是应用架构范围内的工作，容量的管理需要的是清晰的服务与流量的信息。通过 service-mesh、ingress 等技术，可以将应用层的服务和流量控制信息下沉到运维侧，在运维侧我们可以清晰地看到服务间的流量状态、依赖关系，以及服务与资源间的关系，这为运维侧提供了强大的能力，将资源交付给流量增长的服务，同时将流量下降的服务的资源下线。

（2）自适应技术

过去我们在容量的管理上一直属于计划型管理，按照业务的规划和业务规模预测，以保障"供给"的方式来准备资源。这一方式已无法满足越来越多的业务场景，比如，消费侧的互动行为、一个大 V 的聚集效应、全域的流量调整等，这些流量的变化大部分都是来自业务的变化和调整，业务的研发更贴近于业务。在现有的"计划型"模式下，容量管理工作的最佳选择是业务研发团队，运维团队很难越层了解这一信息，而随着流量变化频次的上升，这个难度将进一步加大。可以想象这样一种情况，业务做了一次流量调整就需要通知运维团队调整资源来改变容量，完全的人工行为是无法持续的。那么，应该如何让运维来管理容量就变成了一个困难的问题，"计划型"模式肯定是不行的，基于反馈的自适应技术更能有效地应对新的流量高频变化的场景，从"计划/预测"模式转为"控制"模式，才可能将容量管理的工作交给运维侧。在流量的变化过程中，基于反馈的信息在服务间调整资源的配置，一方面可以有效地应对流量的波动，另一方面可以使得成本最优化。

自适应是指观测负载的波动以自动化调整容量的方式来适应流量的变化。容量管理系统的反馈动作是需要时间的，其中包括对负载指标的采集，需要扩缩的容量的计算，以及执行扩缩容所需要的时间，这三段时间加起来构成了反馈的时间，必须要能够有效地应对负载变化的速度，而负载的变化又会受流量变化的影响。流量的变化包含两种类型，一类是爬坡型，一类是脉冲型，本质是波动的斜率大小，流量波动的斜率越大，其负载水平的变化速度就会越大。需要持续不断地提升这三者的总体耗时，当这种"分布式反馈"跟不上流量变化的速度时，"就地反馈"的限流技术就会起到快速反馈的作用，通过有损的反馈，为扩容争取缓冲的时间。

4. 版本化发布

发布是整个研发过程的一个重要环节，其本质是"新版本上线"和"将流量引导到新版本"两个动作，现有的发布直接在原有集群上原地发布，新版本的上线和流量的牵引是一个"二合一"的动作，一方面发布（即引流）无法精确地控制引导到新版本的流量，另一方面当新版本出现问题时，需要将"新版本的流量"切回到旧版本，而这需要通过"应用发布"这个重度动作来完成，从而严重影响了故障恢复的速度。当发布进入运维自动化的领域时，快速的故障处理成为自动化的关键抓手，手动的故障恢复会严重影响自动化发布的能力。让运维域的工作人员深入理解各种复杂的故障处理方式是不现实的，现有的故障恢复需要开发人员介入并定位问题，然后再选择恢复故障的方式。

版本化发布既包括应用的版本化，也包括环境变量的版本化，这也再次提出了环境变量应该是在部署阶段注入的这一说法，一旦环境变量在运行态注入，那么新版本的变量变更就会影响到旧版本的应用，旧版本的应用的功能也就会发生实质性的变化（破坏了不可变性），从而就会造成无法切流回到旧版本应用的问题。

5. 以业务交付为目标的研发方式

在一个研发组织中，各技术栈的人力资源的数量变化是一个缓慢的过程，与此相对应的是，在业务高速变化的背后，对各技术栈人员投入的需求波动却相当快。在这样一个永远都无法消除的矛盾中，过去的做法是不断地产生"临时性"招聘的需求，或者反过来促使组织间进行人员的调整与流动。前者在经历业务高速发展期后会出现明显的人员过剩问题，后者则对组织管理的弹性要求极高。从"服务端开发""客户端开发""前端开发"走向"业务开发"已成为一种趋势。在面向前台型业务的场景里，"业务开发"是一种非常有效的方式，具备独自完成从客户端前端到服务端的一个完整闭环的能力。SSR（Server-Side Render）让服务端可以快速开发出一个简单的客户端功能，BFF 让前端客户端具备跨越研发边界的能力。对于后者来说，"技术栈不变""运维能力透明"已成为降低开发者门槛的重要手段，在中间件下沉（大幅下降多语言容器的成本）、容量自动化管理这些能力不断完备之后，这种形式变得越来越容易实现。

8.2.3　小结

基础设施通过不断地下沉上层能力，解决繁重的运维问题，推动上层业务的应用架构变化，重新定义应用和基础设施的边界，推动研发方式的变化，重塑研发的过程和协同的方式，以有效地推动和大幅提高研发的效率和组织的效率。以技术创造新商业，为客户和用户创造更好的体验，这才是《淘宝交付之道》的精髓。

推荐阅读